U0334418

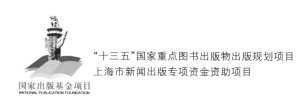

"十三五"国家重点图书出版物出版规划项目
上海市新闻出版专项资金资助项目

国家出版基金项目
NATIONAL PUBLICATION FOUNDATION

江淮乡村人居环境

储金龙　　陈晓华　　顾康康　　汪勇政　　著

同济大学出版社·上海

图书在版编目(CIP)数据

江淮乡村人居环境 / 储金龙等著. —上海：同济
大学出版社，2021.12
（中国乡村人居环境研究丛书 / 张立主编）
ISBN 978-7-5608-9553-6

Ⅰ. ①江… Ⅱ. ①储… Ⅲ. ①江淮流域—乡村—居住
环境—研究 Ⅳ. ①X21

中国版本图书馆 CIP 数据核字（2021）第 264443 号

"十三五"国家重点图书出版物出版规划项目
国家出版基金项目
上海市新闻出版专项资金资助项目

中国乡村人居环境研究丛书
江淮乡村人居环境

储金龙　陈晓华　顾康康　汪勇政　著

丛书策划　华春荣　高晓辉　翁　晗
责任编辑　丁国生
责任校对　徐春莲
封面设计　王　翔

出版发行　　同济大学出版社　www.tongjipress.com.cn
　　　　　　（地址：上海市四平路 1239 号　邮编：200092　电话：021-65985622）
经　　销　　全国各地新华书店、建筑书店、网络书店
排版制作　　南京文脉图文设计制作有限公司
印　　刷　　上海安枫印务有限公司
开　　本　　710mm×1000mm　1/16
印　　张　　14.75
字　　数　　295 000
版　　次　　2021 年 12 月第 1 版
印　　次　　2021 年 12 月第 1 次印刷
书　　号　　ISBN 978-7-5608-9553-6
定　　价　　138.00 元

地图审图号：GS(2021)8772 号

内 容 提 要

　　本书及其所属的丛书，是同济大学等高校团队多年来的社会调查和分析研究成果展现，并与所承担的住房和城乡建设部课题"我国农村人口流动与安居性研究"密切相关；本丛书被纳入"十三五"国家重点图书出版物出版规划项目。

　　丛书的撰写以党的十九大提出的乡村振兴战略为指引，以对我国 13 个省（自治区、直辖市）、480 个村的大量一手调查资料和城乡统计数据分析为基础。书稿借鉴了本领域国内外的相关理论和研究方法，建构起了本土乡村人居环境分析的理论框架；具体的研究工作涉及到乡村人口流动与安居、公共服务设施、基础设施、生态环境保护，以及乡村治理和运作机理等诸多方面。这些内容均关系到对社会主义新农村建设的现实状况的认知，以及对我国城乡关系的历史性变革和转型的深刻把握。

　　本书的出版旨在为新时代江淮地区乡村人居环境建设提供基础性依据，并为本区域乡村规划研究及其技术规范的制定提供实证参考。鉴于乡村人居环境研究是一个新的庞大领域，加之江淮地区乡村人居环境区域差异显著且一直处在发展变化之中，相关的调查和研究工作需要持续进行。

　　本书可供各级政府制定乡村振兴政策、措施时参考使用，可作为政府农业农村、规划、建设等部门及"三农"问题研究者的参考书，也可供高校相关专业师生延伸阅读。

序　　一

我欣喜地得知,"中国乡村人居环境研究丛书"即将问世,并有幸阅读了部分书稿。这是乡村研究领域的大好事、一件盛事,是对乡村振兴战略的一次重要学术响应,具有重要的现实意义。

乡村是社会结构(经济、社会、空间)的重要组成部分。在很长的历史时期,乡村一直是社会发展的主体,即使在城市已经兴起的中世纪欧洲,政治经济主体仍在乡村,商人只是地主和贵族的代言人。只是在工业革命以后,随着工业化和城市化进程的推进,乡村才逐渐失去了主体的光环,沦落为依附的地位。然而,乡村对城市的发展起到了十分重要的作用。乡村孕育了城市,以自己的资源、劳力、空间支撑了城市,为社会、为城市发展作出了重大的奉献和牺牲。

中国自古以来以农立国,是一个农业大国,有着丰富的乡土文化和独特的经济社会结构。对乡村的研究历来有之,20 世纪 30 年代费孝通的"江村经济"是这个时期的代表。中国的乡村也受到国外学者的关注,大批的外国人以各种角色(包括传教士)进入乡村开展各种调查。1949 年以来,国家的经济和城市得到迅速发展,人口、资源、生产要素向城市流动,乡村逐渐走向衰败,沦为落后、贫困、低下的代名词。但是乡村作为国家重要的社会结构具有无可替代的价值,是永远不会消失的。中央审时度势,综览全局,及时对乡村问题发出多项指令,从"三农"到乡村振兴,大大改变了乡村面貌,乡村的价值(文化、生态、景观、经济)逐步为人们所认识。城乡统筹、城乡一体,更使乡村走向健康、协调发展之路。乡村兴,国家才能兴;乡村美,国土才能美。但是,总体而言,学界、业界乃至政界对乡村的关注、了解和研究是远远不够的。今天中国进入一个新的历史时期,无论从国家的整体发展还是圆百年之梦而言,乡村必须走向现代化,乡村研究必须快步追上。中国的乡村是非常复杂的,在广袤的乡村土地上,由于自然地形、历史进程、经济水平、人口分布、民族构成等方面的不同,千万个乡村呈现出巨大的差异,要研究乡村、了解乡村还是相当困难和艰苦的。同济大学团队借承担住房和城乡建设部乡村人居环境研究的课题,利用在国内各地多个规划项目的积累,联合国内多所高校和研究设计机构,开展了全国性的乡村田野调查,总结撰写了一套共 10 个分册的"中国乡村人居环境研究丛书",适逢其时,为乡村的研究提供了丰富的基础性资料和研究经验,为当代的乡村研究起到示范借鉴作用,为乡村振兴作出了有价值的贡献!

纵观本套丛书,具有以下特点和价值。

(1) 研究基础扎实,科学依据充分。由 100 多名教师和 500 多名学生组成的调查团队,在 13 个省(自治区、直辖市)、85 个县区、234 个乡镇、480 个村开展了多地区、多类型、多样本的全国性的乡村田野调查,行程 10 万余公里,撰写了 100 万字的调研报告,在此基础上总结提炼,撰写成书,对我国主要区域、不同类型的乡村人居环境特点、面貌、建设状况及其差异作了系统的解析和描述,绘就了一份微缩的、跃然纸上的乡居画卷。而其深入村落,与 7 578 位村民面对面的访谈,更反映了村庄实际和村民心声,反映了乡村振兴"为人民"的初心和"为满足美好生活需要"而研究的历史使命。近几年来,全国开展村庄调查的乡村研究已渐成风气。江苏省开展全省性乡村调查,出版了《2012 江苏乡村调查》和《百年历程百村变迁:江苏乡村的百年巨变》等科研成果,其他多地也有相当多的成果。但对全国的乡村调查且以乡村人居环境为中心,在国内尚属首次。

(2) 构建了一个由理论支撑、方法统一、组织有机、运行有效的多团体的科研协作模式。作为团队核心的同济大学,首先构建了阐释乡村人居环境特征的理论框架,举办了培训班,统一了研究方法、调研方式、调查内容、调查对象。同时,同济大学团队成员还参与了协作高校和规划设计机构的调研队伍,以保证传导内容的一致性。同时,整个研究工作采用统分结合的方式——调研工作讲究统一要求,而书稿写作强调发挥各学校的能动性和积极性,根据各区域实际,因地制宜反映地方特色(如章节设置、乡村类型划分、历史演进、问题剖析、未来思考),使丛书丰富多样,具有新鲜感。我曾在 20 世纪 90 年代组织过一次中美两国十多所高校和研究设计机构共同开展的"中国自下而上的城镇化发展研究",以小城镇为中心进行了覆盖全国多类型十多个省区、几十个小城镇的多类型调研,深知团队合作的不易。因此,从调研到出版的组织合作经验是难能可贵的。

(3) 提出了一些乡村人居环境研究领域颇具见地的观点和看法。例如,总结提出了国内外乡村人居环境研究的"乡村—乡村发展—乡村转型"三阶段,乡村人居环境特征构成的三要素（住房建设、设施供给、环卫景观）；构建了乡村人居环境、村民满意度评价指标体系；提出了宜居性的概念和评价指标，探析了乡村人居环境的运行机理等。这些对乡村研究和人居环境研究都有很大的启示和借鉴意义。

　　丛书主题突出、思路清晰、内容全面、特色鲜明，是一次系统性、综合性的对中国乡村人居环境的全面探索。丛书的出版有重要的现实意义和开创价值，对乡村研究和人居环境研究都具有基础性、启示性、引领性的作用。

崔功豪

南京大学

2021 年 12 月

序 二

这是一套旨在帮助我们进一步认识中国乡村的丛书。

我们为什么要"进一步认识乡村"？

第一，最直接的原因，是因为我们对乡村缺乏基本的了解。"我们"是谁，是"城里人"还是"乡下人"？我想主要是城里人——长期居住在城市里的居民。

我们对于乡村的认识可以说是凤毛麟角，而我们的这些少得可怜的知识，可能是一些基于亲戚朋友的感性认知、文学作品里的生动描述，或者是来自节假日休闲时浮光掠影的印象。而这些表象的、浅层的了解，难以触及乡村发展中最本质的问题，当然不足以作为决策的科学支撑。所以，我们才不得不用城市规划的方式规划村庄，以管理城市的方式管理乡村。

这样的认知水平，不是很多普通市民的"专利"，即便是一些著名的科学家，对于乡村的理解也远比不上对城市来得深刻。笔者曾参加过一个顶级的科学会议，专门讨论乡村问题，会上我求教于各位院士专家，"什么是乡村规划建设的科学问题?"并没有得到完美的解答。

基本科学问题不明确，恰恰反映了学术界对于乡村问题的把握，尚未进入"自由王国"的境界，甚至可以说，乡村问题的学术研究在一定程度上仍然处在迷茫和不清晰的境地。

第二，我们对于乡村的理解尚不全面不系统，有时甚至是片面的。比如，从事规划建设的专家，多关注农房、厕所、供水等；从事土地资源管理的专家，多关注耕地保护、用途管制；从事农学的专家，多关注育种、种植；从事环境问题的专家，多关注秸秆燃烧和化肥带来的污染；等等。

但是，乡村和城市一样，是一个生命体，虽然其功能不及城市那样复杂，规模也不像城市那么庞大，但所谓"麻雀虽小，五脏俱全"，其系统性特征非常明显。仅从部门或行业视角观察，往往容易带来机械主义的偏差，缺乏总揽全局、面向长远的能力，因而容易产生片面的甚至是功利主义的政策产出。

如果说现代主义背景的《雅典宪章》提出居住、工作、休憩、交通是城市的四大基本活动,由此奠定了现代城市规划的基础和功能分区的意识,那么,迄今为止还没有出现一个能与之媲美的系统认知乡村的科学模型。

农业、农村、农民这三个维度构成的"三农",为我们认识乡村提供了重要的政策视角,并且孕育了乡村振兴战略、连续十多年以"三农"为主题的中央一号文件,以及机构设置上的高配方案。不过,政策视角不能替代学术研究,目前不少乡村研究仍然停留在政策解读或实证研究层面,没有达到规范性研究的水平。反过来,这种基于经验性理论研究成果拟定的政策行动,难免采取"头痛医头,脚痛医脚"的策略,甚至出现政策之间彼此矛盾、相互掣肘的局面。

第三,我们对于乡村的理解缺乏必要的深度,一般认为乡村具有很强的同质性。姑且不去考虑地形地貌的因素,全国 200 多万个自然村中,除去那些当代"批量""任务式""运动式"的规划所"打造"的村庄,很难找到两个完全相同的。形态如此,风貌如此,人口和产业构成更表现出很大的差异。

如果把乡村作为一种文化现象考察,全国层面表现出来的丰富多彩,足以抵消一定地域内部的同质性。况且,作为人居环境体系的起源,乡村承载了更加丰富多元的中华文明,蕴含着农业文明的空间基因,它们与基于工业文明的城市具有同等重要的文化价值。

从这一点来说,研究乡村离不开城市。问题是不能拿研究城市的理论生搬硬套。事实上,我国传统的城乡关系,从来就不是对立的,而是相互依存的"国—野"关系。只是工业化的到来,导致了人们对资源的争夺,特别是近代租界的强势嵌入和西方自治市制度的引入,才使得城乡之间逐步走向某种程度的抗争和对立。

在建设生态文明的今天,重新审视新型城乡关系,乡村因为其与自然环境天然的依存关系,生产、生活和生态空间的融合,成为城市规划建设竞相仿效的范式。在国际上,联合国近年来采用的城乡连续体(rural-urban continuum)的概念,可以说也是对于乡村地位与作用的重新认知。乡村人居环境不改善,城市问题无法很好地解决;"城市病"的治理,离不开我们对乡村地位的重新认识。

显而易见,乡村从来就不只是居民点,乡村不是简单、弱势的代名词,它所承载的信息是十分丰富的,它对于中华民族伟大复兴的宏伟目标非常重要。党的十九大报告提出乡村振兴战略,以此作为决战全面建成小康社会、全面建设社会主义现代化国家的重大历史任务。在"全面建成了小康社会，历史性地解决了绝对贫困问题"之际，"十四五"规划更提出了"全面实施乡村振兴"的战略部署，这是一个涵盖农业发展、农村治理和农民生活的系统性战略，以实现缩小城乡差别、城乡生活品质趋同的目标，成为城乡人居体系中稳住农民、吸引市民的重要环节。

实现这些目标的基础，首先必须以更宽广的视角、更系统的调查、更深入的解剖，去深刻认识乡村。"中国乡村人居环境研究丛书"试图在这方面做一些尝试。比如，借助组织优势，作者们对于全国不同地区的乡村进行了广泛覆盖，形成具有一定代表性的时代"快照"；不只是对于农房和耕地等基本要素的调查，也涉及产业发展、收入水平、生态环境、历史文化等多个侧面的内容，使得这一"快照"更加丰满、立体。为了数据的准确、可靠，同济大学等团队坚持采取入户调查的方法，调查甚至涉及对于各类设施的满意度、邻里关系、进城意愿等诸多情感领域问题，使得这套丛书的内容十分丰富、信息可信度高，但仍有不少进一步挖掘的空间。

眼下我国正进入城镇化高速增长与高质量发展并行的阶段，农村地区人口减少、老龄化的趋势依然明显，随着乡村振兴战略的实施，农业生产的现代化程度和农村公共服务水平不断提高，乡村生活方式的吸引力也开始显现出来。

乡村不仅不是弱势的，不仅是有吸引力的，而且在政策、技术和学术研究的层面，是与城市有着同等重要性的人居形态，是迫切需要展开深入学术研究的领域。

作为一种空间形态，乡村空间不只存在着资源价值、生产价值、生态价值，正如哈维所说，也存在着心灵价值和情感价值，这或许会成为破解乡村科学问题的一把钥匙。乡村研究其实是一种文化空间的问题，是一种认同感的培养。

对于一个有着五千多年历史、百分之六七十的人口已经居住在城市的大国而言，城市显然是影响整个国家发展的决定性因素之一，而乡村人居环境问题，也是名副其实的重中之重。这套丛书的作者们正是胸怀乡村发展这个"国之大者"，从乡村人居环境的理论与方法、乡村人居环境的评价、运行机理与治理策略等多个维度，对 13 个省（自治区、直辖市）、480 个村的田野调查数据进行了系统的梳理、分析与挖掘，其中揭示了不少值得关注的学术话题，使得本书在数据与资料价值的基础上,增添了不少理论色彩。

    "三农"问题,特别是乡村问题需要全面系统深入的学术研究,前提是科学可靠的调查与数据,是对其科学问题的界定与挖掘,而这显然不仅仅是单一学科的研究,起码应该涵盖公共管理学、城乡规划学、农学、经济学、社会学等诸多学科。正是出于对乡村人居环境问题的兴趣,笔者推动中国城市规划学会这个专注于城市和规划研究的学术团体,成立了乡村规划建设学术委员会。出于同样的原因,应中国城市规划学会小城镇规划学术委员会张立秘书长之邀为本书作序。

石 楠

中国城市规划学会常务理事长兼秘书长

2021 年 12 月

序　三

　　历时 5 年有余编写完成的"中国乡村人居环境研究丛书"近期即将出版,这是对我国乡村人居环境系统性研究的一项基础性工作,也是我国乡村研究领域的一项最新成果。

　　我国是名副其实的农业大国。根据住房和城乡建设部 2020 年村镇统计数据,我国共有 51.52 万个行政村、252.2 万个自然村。根据第七次全国人口普查,居住在乡村的人口约为 5.1 亿,占全国人口的 36.11％。协调城乡发展、建设现代化乡村对于中国这样一个有着广大乡村地区和庞大乡村人口基数的发展中国家而言,意义尤为重大。但是,我国长期以来的城乡二元政策使得乡村人居环境建设严重滞后,直到进入 21 世纪,城乡统筹、新农村建设被提到国家战略高度,系统性的乡村建设工作在全国范围内陆续展开,乡村人居环境才得以逐步改善。

　　纵观开展新农村建设以来的近 20 年,我国乡村人居环境在住房建设、农村基础设施和公共服务补短板、村容村貌提升等方面取得了巨大的成就。根据2021 年 8 月国务院新闻发布会,目前我国已经历史性地解决了农村贫困群众的住房安全问题。全面实施脱贫攻坚农村危房改造以来,790 万户农村贫困家庭危房得到改造,惠及 2 568 万人;行政村供水普及率达 80％以上,农村生活垃圾进行收运处理的行政村比例超过 90％,农村居民生活条件显著改善,乡村面貌发生了翻天覆地的变化。

　　虽然我国的乡村建设政策与时俱进,但乡村建设面临的问题众多,情况复杂。我国各区域发展很不平衡,东部沿海发达地区部分乡村乘着改革开放的春风走出了"乡村城镇化"的特色发展道路,农民收入、乡村建设水平都实现了质的飞跃。而在 2020 年全面建成小康社会之前,我国仍有十四片集中连片特困地区,广泛分布着量大面广的贫困乡村。发达地区的乡村建设需求与落后地区有很大不同,国家要短时间内实现乡村人居环境水平的全面提升,必然面临着诸多现实问题与困难。

　　从 2005 年党的十六届五中全会通过的《中共中央关于制定国民经济和社会

发展第十一个五年规划的建议》提出"扎实推进社会主义新农村建设",到 2015 年同济大学承担住房和城乡建设部"我国农村人口流动与安居性研究"课题并组织开展全国乡村田野调研工作,我国的新农村建设工作已开展了十年,正值一个很好的对乡村人居环境建设工作进行全面的阶段性观察、总结和提炼的时机。从即将出版的"中国乡村人居环境研究丛书"成果来看,同济大学带领的研究团队很好地抓住了这个时机并克服了既往乡村统计数据匮乏、难以开展全国性研究、乡村地区长期得不到足够重视等难题,进而为乡村研究领域贡献了这样一套系统性、综合性兼具,较为全面、客观反映全国乡村人居环境建设情况的研究成果。

本套丛书共由 10 种单本组成,1 本《中国乡村人居环境总貌》为"总述",其余 9 本分别为江浙地区、江淮地区、上海地区、长江中游地区、黄河下游地区、东北地区、内蒙古地区、四川地区和西南地区等 9 个不同地域乡村人居环境研究的"分述",10 种单本能够汇集而面世,实属不易。我想,这首先得益于同济大学研究团队长期以来在全国各地区开展的村镇研究工作经验积累,从而能够在明确课题开展目的的基础上快速形成有针对性、可高效执行的调研工作计划。其次,通过实施系统性的乡村调研培训,向各地高校/设计单位清晰传达了工作开展方法和材料汇集方式,确保多家单位、多个地区可以在同一套行动框架中开展工作,进而保证调研行为的统一性和成果的可汇总性。这一工作方式无疑为乡村调研提供了方法借鉴。而最核心的支撑工作,当属各调研团队深入各地开展的村庄调研活动,与当地干部、村长、村民面对面的访谈和对村庄物质建设第一手素材的采集,能够向读者生动地展示当时当地某个村的真实建设水平或某类村民的真实生活面貌。

我曾参与了课题"我国农村人口流动与安居性研究"的研究设计,也多次参加了关于本套丛书写作的研讨,特别认同研究团队对我国乡村样本多样性的坚持。10 所高校共 600 余名师生历时 128 天行程超过 10 万公里完成了面向全国 13 个省(自治区、直辖市)、480 个村、28 593 个农村家庭的乡村田野调查,一路不畏辛劳,不畏艰险——甚至在偏远山区,还曾遭遇过汽车抛锚、山体滑坡等危险状况。也正因有了这些艰难的经历,才能让读者看到滇西边境山区、大凉山地区等在当时尚属集中连片特殊困难地区的乡村真实面貌,也更能体会以国家战略推行的乡村扶贫和人居环境提升是一项多么艰巨且意义重大的世界性工程。最后，得益于研究团队的不懈坚持与有效组织，以及他们对于多年乡村田野调查工作的不舍与热情，这套丛书最终能够在课题研究丰硕成果的基础上与广大读者见面。

纵观本套丛书，其价值与意义在于能够直面我国巨大的地域差异和乡村聚落个体差异，通过量大面广的乡村调研为读者勾勒出全国层面的乡村人居环境建设画卷，较为系统地识别并描述了我国宏大的、广泛的乡村人居环境建设工程呈现出的差异性特征，对于一直缺位的我国乡村人居环境基础性研究工作具有引领、开创的意义，并为这次调研尚未涉及的地域留下了求索的想象空间。而本次全国乡村调研的方法设计、组织模式和成果展示也为乡村研究领域提供了有益借鉴。对于本套丛书各位作者的不懈努力和辛勤付出，为我国乡村人居环境研究领域留下了重要一笔，表以敬意。当然，也必须指出，时值我国城乡关系从城乡统筹走向城乡融合，乡村人居环境建设亦在持续推进，面临的形势与需求更加复杂，对乡村人居环境的研究必然需要学界秉持辩证的态度持续关注，不断更新、探索、提升。由此，也特别期待本套丛书的作者团队能够持续建立起历时性的乡村田野跟踪调查，这将对推动我国乡村人居环境研究具有不可估量的意义。

彭震伟

同济大学党委副书记

中国城市规划学会常务理事

2021 年 12 月

序　四

改革开放 40 余年来,中国的城镇化和现代化建设取得了巨大成就,但城乡发展矛盾也逐步加深,特别是进入 21 世纪以来,"三农"问题得到国家层面前所未有的重视。党的十九大报告将实施乡村振兴上升到国家战略高度,指出农业、农村、农民问题是关系国计民生的根本性问题,是全党工作重中之重。

解决好"三农"问题是中国迈向现代化的关键,这是国情背景和所处的发展阶段决定的。我国是人口大国,也是农业大国,从目前的发展状况来看,农业产值比重已经不到 8％,但农业就业比重仍然接近 27％,农村人口接近 40％,达到 5.5 亿人,同时有超过 2.3 亿进城务工人员游离在城乡之间。我国城镇化具有时空压缩的特点,并且规模大、速度快。20 世纪 90 年代的乡村尚呈现繁荣景象,但 20 多年后的今天,不少乡村已呈凋敝状。第二代进城务工的群体已经形成,农业劳动力面临代际转换。可以讲,中国现代化建设成败的关键之一将取决于能否有效化解城乡发展矛盾,特别是在当前的转折时期,能否从城乡发展失衡转向城乡融合发展。

乡村振兴离不开规划引领,城乡规划作为面向社会实践的应用性学科,在国家实施乡村振兴战略中有所作为,是新时代学科发展必须担负起的历史责任。开展乡村规划离不开对"三农"问题的理解和认识,不可否认,对乡村发展规律和"三农"问题的认识不足是城乡规划学科的薄弱环节。我国的乡村发展地域差异大,既需要对基本面有所认识,也需要对具体地区进一步认知和理解。乡村地区的调查研究,关乎社会学、农学、人类学、生态学等学科领域,这些学科的积累为其提供了认识基础,但从城乡规划学科视角出发的系统性的调查研究工作不可或缺。

"中国乡村人居环境研究丛书"依托于国家住房和城乡建设部课题,围绕乡村人居环境开展了全国性乡村田野调查。本次调研工作的价值有三个方面:

(1)这是城乡规划学科首次围绕乡村人居环境开展大规模调研,运用了田野调查方法,从一个历史断面记录了这些地区乡村发展状态,具有重要学术意义;

（2）调研工作经过周密的前期设计，调研结果有助于认识不同地区间的发展差异，对于建立我国不同地区整体的认知框架具有重要价值，有助于推动我国的乡村规划研究工作；

（3）调研团队结合各自长期的研究积累，所开展的地域性研究工作对于支撑乡村规划实践具有积极的意义。

本套丛书的出版凝聚了调研团队辛勤的努力和汗水，在此表达敬意，也希望这些成果对于各地开展更加广泛深入、长期持续的乡村调查和乡村规划研究工作起到助推的作用。

张尚武

同济大学建筑与城市规划学院副院长

中国城市规划学会乡村规划与建设学术委员会主任委员

2021 年 12 月

总　前　言

只有联系实际才能出真知，实事求是才能懂得什么是中国的特点。

——费孝通

　　自 21 世纪初期国家提出城乡统筹、新农村建设、美丽乡村等政策以来，乡村人居环境建设取得了很大成就。全国各地都在积极推进乡村规划工作，着力解决乡村建设的无序问题。与此同时，我国乡村人居环境的基础性研究却一直较为缺位。虽然大家都认为全国各地的乡村聚落的本底状况和发展条件各不相同，但是如何识别差异、如何描述差异以及如何应对差异化的发展诉求，则是一个难度很大而少有触及的课题。

　　2010 年前后，同济大学相关学科团队在承担地方规划实践项目的基础上，深入村镇地区开展田野调查，试图从乡村视角去理解城乡人口等要素流动的内在机理。多年的村镇调查使我们积累了较多的深切认识。此后的 2015 年，国家住房和城乡建设部启动了一系列乡村人居环境研究课题，同济大学团队有幸受委托承担了"我国农村人口流动与安居性研究"课题。该课题的研究目标明确，即探寻乡村人居环境改善和乡村人口流动之间的关系，以辨析乡村人居环境优化的逻辑起点。面对这一次难得的学术研究机遇，在国家和地方有关部门的支持下，同济大学课题组牵头组织开展了较大地域范围的中国乡村调查研究。考虑到我国乡村基础资料匮乏、乡村居民的文化水平不高、运作的难度较大等现实情况，课题组确定以田野调查为主要工作方法来推进本项工作；同时也扩展了既定的研究内容，即不局限于受委托课题的目标，而是着眼于对乡村人居环境实情的把握和围绕对"乡村人"的认知而展开更加全面的基础性调研工作。

　　本次田野调查主要由同济大学和各合作高校的师生所组成的团队完成，这项工作得到了诸多部门和同行的支持。具体工作包括下乡踏勘、访谈、发放调查问卷等环节；不仅访谈乡村居民，还访谈了城镇的进城务工人员，形成了双向同步的乡村人口流动的意愿验证。为确保调查质量，课题组对参与调研的全体成员进行了培训。2015 年 5 月，项目调研开始筹备；7 月 1 日，正式开始调研培训；

7月5日，华中科技大学团队率先启程赴乡村调查；11月5日，随着内蒙古工业大学团队返回呼和浩特，调研的主体工作顺利完成。整个调研工作历时128天，100多名教师（含西宁市规划院工作人员）和500多名学生参与其中，撰写原始调查报告100余万字。本次调查合计访谈了7 578名乡村居民，涉及13个省（自治区、直辖市）的85个县区、234个乡镇、480个行政村和28 593个家庭成员。此外，还完成了524份进城务工人员问卷调查，丰富了对城乡人口等要素流动的认识。

本次调研工作可谓量大面广，为深化认知和研究我国乡村人居环境及乡村居民的状况提供了大量有价值的基础数据。然而，这么丰富的研究素材，如果仅是作为一项委托课题的成果提交后就结项，不免令人意犹未尽，或有所缺憾。因而经过与参与调查工作的各高校课题组商讨，团队决定以此次调查的资料为基础，以乡村居民点为主要研究对象，进一步开展我国乡村人居环境总貌及地域研究工作。这一想法得到了住房和城乡建设部村镇司的热忱支持。各课题组很快就研究的地域范畴划分达成了共识，即按照江浙地区、上海地区、江淮地区、长江中游地区、黄河下游地区、东北地区、内蒙古地区、四川地区和西南地区等为地域单元深化分析研究和撰写书稿，以期编撰一套"中国乡村人居环境研究丛书"。为提高丛书的学术质量，同济大学课题组将所有调研数据和分析数据共享给各合作单位，并要求全部书稿最终展现为学术专著。这项延伸工程具有很大的挑战性，在一定程度上乡村人居环境研究仍是一个新的领域，没有系统的理论框架和学术传承。为了创新、求实、探索，丛书的编写没有事先拟定共同的写作框架，而是让各课题组自主探索，以图形成契合本地域特征的写作框架和主体内容。

丛书的撰写自2016年年底启动，在各方的支持下，我们组织了4次集体研讨和多次个别沟通。在各课题组不懈努力和有关专家学者的悉心指导和把关下，书稿得以逐步完成和付梓，最终完整地呈现给各地的读者。丛书入选"十三五"国家重点图书出版物出版规划项目，获得国家出版基金以及上海市新闻出版专项资金资助。

中国地域辽阔，我们的调研工作客观上难以覆盖全国的乡村地域，因而丛书的内涵覆盖亦存在一定局限性。然而万事开头难，希望既有的探索性工作能够激发更多、更深入的相关研究；希望通过对各地域乡村的系统调研和分析，在不

远的将来可勾勒出中国乡村人居环境的整体图景。在研究的地域方面,除了本
丛书已经涉及的地域范畴,在东部和中西部地区都还有诸多省级政区的乡村有
待系统调研。在研究范式方面,尽管"解剖麻雀"式的乡村案例调研方法是乡村
人居环境研究的起点和必由之路,但乡村之外的发展约束也绝不可忽视,这也是
国家倡导的"城乡融合发展"的题中之义;在相关的研究中,尤其要注意纵向的历
史路径依赖、横向的空间地域组织和垂直的国家制度政策。尽管丛书在不同程
度上涉及了这些内容,但如何将其纳入研究并实现对案例研究范式的超越仍待
进一步探索。

　　本丛书的撰写和出版得到了住房和城乡建设部村镇司、同济大学建筑与城
市规划学院、上海同济城市规划设计研究院和同济大学出版社的大力支持,在此
深表谢意。还要感谢住房和城乡建设部赵晖、张学勤、白正盛、邢海峰、张雁、郭
志伟、胡建坤等领导和同事们的支持。来自各方面的支持和帮助始终是激励各
课题组和调研团队坚持前行的强劲动力。

　　最后,希冀本丛书的出版将有助于学界和业界增进对我国乡村人居环境的
认知,并进而引发更多、更深入的相关研究,在此基础上,逐步建立起中国乡村人
居环境研究的科学体系,并为实现乡村振兴和第二个百年奋斗目标作出学界的
应有贡献。

赵　民　张　立

同济大学城市规划系

2021 年 12 月

前　　言

改革开放以来,我国城镇化进入了快速发展阶段,统筹城乡发展、优化乡村人居环境、改善农民生活质量已成为新型城镇化建设的重要内容。随着 2013年、2015 年、2018 年全国改善乡村人居环境工作会议的召开,我国乡村人居环境建设实现了从基础设施建设、人居环境整治到人居环境品质提升的逐步转变。

江淮地区东西横跨安徽、江苏两省,南北襟江带淮,涉及长江、淮河两岸流域,地形地貌类型多样、人口密集、资源丰富、文化多元,历来是主要的人类聚集地和重要的粮食产地,塑造了独具地域特色的乡村人居环境景观。与此同时,江淮地区地势低洼,水网交织,湖泊众多,历史上灾害频发,对乡村人居环境的稳定性、舒适性产生了很大的影响。随着我国城镇化进程的推进和经济社会的高质量发展,江淮地区乡村人居环境建设逐渐受到重视。进入 21 世纪,安徽省先后开展了"社会主义新农村建设""美丽乡村建设",大力推进乡村垃圾、污水、厕所专项整治"三大革命",不断提升乡村人居环境质量。江苏省先后实施了"美丽城乡建设行动""美丽乡村建设""特色田园乡村建设"等乡村发展战略,极大地提升了江淮地区乡村人居环境品质。虽然江淮地区所占的国土面积相对较小,但在我国的地理区位上具有十分重要的地位,乡村人居环境类型多样、特色鲜明,在乡村人居环境建设实践中积累了丰富的经验。

本书是"中国乡村人居环境研究丛书"之一,是关于我国典型地理环境区域——江淮地区乡村人居环境的研究。2015 年,基于住房与城乡建设部"我国农村人口流动与安居性研究"课题的研究契机,安徽建筑大学依托安徽省城镇化发展研究中心组建调研团队,于 2015 年 7 月下旬对江淮地区开展了乡村人居环境调查研究。2017 年 3 月,研究团队再次对安徽省、江苏省 7 个区县的村庄进行了补充调研。通过现场考察与调研,收集了大量的第一手资料,提高了对江淮地区人居环境的认知,为本书的写作打下了坚实的研究基础。

本书通过对江淮地区各区县乡村实地走访、深度访谈和问卷调查获取相关数据,结合统计年鉴、政府工作报告、乡村规划建立江淮地区乡村人居环境数据库,系统地梳理了江淮地区历史沿革、自然环境、社会经济、建成环境等方面特征,总结了江淮地区乡村人居环境的共性特征和差异性,对江淮地区乡村人居环境质量和满意度进行了评价,分析了江淮地区人居环境的典型样本,基于未来的发展愿景提出了人居环境提升策略。研究成果对于全面认识江淮地区乡村人居环境的典型性和独特性、评价乡村人居环境的建设质量和水平、丰富我国乡村人居环境研究地域和案例、指导乡村地区人居环境高品质建设具有十分重要的意义。

本书由储金龙、陈晓华、顾康康、汪勇政拟定总体框架、撰写、统稿及审核。各章主要撰写人如下:第 1 章陈晓华,第 2 章顾康康,第 3 章陈晓华,第 4 章顾康康,第 5 章汪勇政,第 6 章顾康康,第 7 章汪勇政,第 8 章汪勇政,第 9 章汪勇政附录顾康康。研究生朱可嘉、马可莉、袁晨晨、刘雪侠、杨诗、鲍香玉、方云皓参与了书稿调研、资料整理和部分章节内容的撰写。

每一个村庄都是一部隐秘的历史,感受原真性的乡村之旅使我们对"改善乡村人居环境,建设美好乡村"产生了更多的期待和愿景。江淮乡村人居环境的演进历程在某种程度上也是中国广大乡村地区人居环境发展的缩影,在推进乡村人居环境建设的进程中,应该探索符合地域特征的模式,立足地区实际情况及区域差异现状,整体把握时间、空间的变化,为乡村地区人居环境建设提供可行的策略,以此实现乡村人居环境质量的提高。

储金龙

安徽建筑大学建筑与规划学院教授

2021 年 4 月 5 日

目　　录

第 1 章　概　　述

　　"江淮"是一个相对完整的地理单元,指长江以北、淮河以南、大别山以东、黄海以西的广袤地区,也就是史书上常称的"江淮之间"或"江淮间"。江淮地域大多属低丘、平原,这里气候温和,雨量充沛,河网密布,土地肥沃,具有人类生息繁衍的良好条件,是我国较早开发的区域之一,也是中华文明的重要起源地区之一,拥有厚重的历史沉淀和源远流长的传统文化。本章通过对江淮地域概念由来、行政建制沿革、历史环境变迁的梳理,归纳江淮地区总体特征,从整体上认识江淮地区乡村人居环境的区域背景。

1.1　江淮地域概念由来

　　"江淮"作为一固定地理名词,广为众人所熟悉。历史上很早就形成了"江淮"这一特定的地理概念,有关记载在古籍文献中屡见不鲜。春秋末期,开挖邗沟,从今扬州市南引长江水至今淮安北入淮河,《左传·哀公九年》中记其事说,"吴城邗,沟通江淮",这里出现了最早的"江淮"一词,仅是长江与淮河的合称,而不含区域的含义。"江淮"这一合称出现后,为官私文书广泛引用,渐渐成为一个约定俗成的地域概念。

　　"江淮"作为地域概念,有特指和泛指并存的两种说法。一种说法是特指长江与淮河之间的地区,"江"与"淮"用以表明这个地区的地理界限。魏嵩山(1995)主编的《中国历史地名大辞典》认为,江淮地区泛指今皖、苏、豫和鄂四省淮河以南、长江以北的区域。应岳林、巴兆祥(1997)在《江淮地区开发探源》一书中指出,江淮地区西到大别山、东至黄海、北到淮河、南到长江,跨苏皖两省,意指皖、苏两省长江与淮河之间的地区。另一种说法是泛指淮河以南的江淮流域,没有明确的地理界限。如陆渝蓉、高国栋(1996)等在《江淮地区旱涝灾害年份的水分气候研究》一文中指出,江淮地区东临西太平洋,西部是大陆腹地,是长江和淮河两大河流的冲积平原,将江淮地区等同于江淮流域,并交替使用这两个地域概念。

就"江淮"地域概念本身的演变来看,唐宋以前是"江淮之间"与"江淮"并用,而"江淮"概念则多是泛指,其范围除了江淮之间以外,还包括江南的部分地区。明清以来,"江淮"和"江淮之间"也并用,但其含义已经基本重合,人们所说的"江淮"实际上就是特指"江淮之间"。目前学术界较为主流的认定以应岳林、巴兆祥等人的观点为代表,即苏、皖两省的长江与淮河之间的区域,江南、淮北已不再包括在内。

1.2 江淮地域行政建置沿革

秦汉以来,伴随着朝代的更迭与经济社会变迁,江淮地域行政建制形成、演化并渐趋稳定。根据谭其骧(1982)主编的《中国历史地图集》等相关文献,江淮地区行政区划演变可分成三个重要的历史阶段。

第一阶段:秦汉行政建制形成时期(前 221—220 年)

秦代江淮地区属东海郡、九江郡、衡山郡(图 1-1)。汉高帝时期,沿淮河的寿春、广陵地区为今江淮地区,景帝时期江都的北部、淮南、衡山、南郡的东北部为当今江淮地区;汉武帝时期将"州"作为监察区的名称,全国划分为"十三州",江淮地区主要归属于扬州西北部、豫州和徐州的南部(图 1-2)。

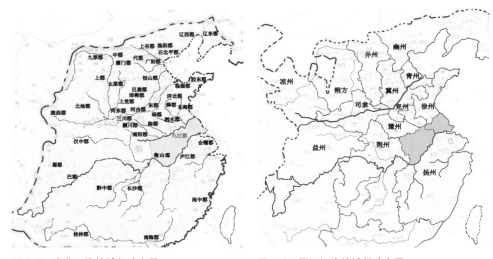

图 1-1 秦代江淮地域行政隶属   图 1-2 西汉江淮地域行政隶属
资料来源:根据谭其骧主编的《中国历史地图集》改绘。

第二阶段:隋唐五代宋辽金演化时期(581—1234 年)

唐初设十道,后改设十五道,时设江南道、淮南道,统称"江淮"。当时的淮南道则以淮水、长江、东海、大别山四面为界,天然构成一独特的地理区域,这与今研究的江淮地区地域范围基本吻合(图 1-3)。宋代改进唐代的"道制",演变成"路制"作为新的区划制度。其中,元丰二十三路则是较有代表性的路制。时江淮地区包括淮南西路、淮南东路南部(图 1-4)。淮南西路、淮南东路于南宋正式建立,淮南西路位于今安徽中部地区,淮南东路南部位于今江苏中部地区,所以当时的淮南西路和淮南东路大体是如今江淮地区的范围。

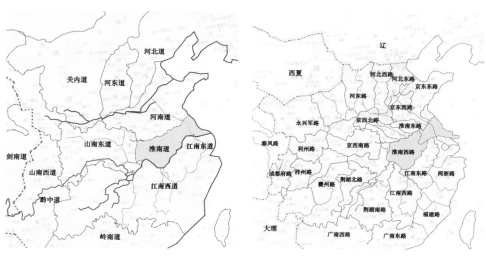

图 1-3　唐代江淮地域行政隶属　　　　　　图 1-4　宋代江淮地域行政隶属
资料来源:根据谭其骧主编的《中国历史地图集》改绘。

第三阶段:元明清时期及民国初年的稳定时期(1271—1912 年)

元代两淮属河南江北行省,包括今江苏北部、安徽北部、河南、湖北大部。明代全境分为两京十三布政使司,"南京"(南直隶)以明初首都应天府和中都凤阳府为基础,包括今皖、苏全部和浙江北部在内,领有十六府和四直隶州之地(图 1-5)。清代几乎全盘继承明代原有的整套区划体制,将"南京"(南直隶)一分为二,划分为安徽省和江苏省,沿袭至今(图 1-6)。

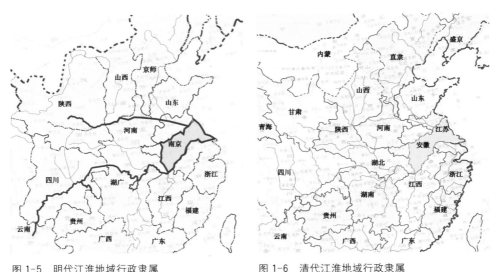

图 1-5　明代江淮地域行政隶属   图 1-6　清代江淮地域行政隶属
资料来源:根据谭其骧主编的《中国历史地图集》改绘。

1.3　江淮地域总体特征

　　江淮地区地处中国南北方与多元地域文化的交汇地带,具有特定的地理环境和独特的社会经济发展过程,形成了具有典型地域性的特征。

1) 自然环境具南北方过渡性

　　江淮地处华东腹地,襟江带淮,傍山滨海,自然地理上是我国东部地区南北方过渡地带。1 月平均气温 0 ℃等温线、年均 800 毫米等降水量线,以及暖温带与北亚热带分界线等都与秦岭—淮河线大体一致,为我国东部地区南北方之间的重要自然地理分界线(图 1-7)。江淮地区紧靠这条南北分界线附近,气候、水文、自然景观以及土地利用等都具有鲜明的南北方过渡性特征。气候兼具暖温带与北亚热带气候特征,四季分明,雨热同季,热量满足一年两熟或两年三熟作物生长;河流水系分布也具有南北过渡特点,自中部江淮分水岭向南向北分别为长江水系和淮河水系,东部有大运河南北贯通江淮水系,区内水网稠密,大小湖泊数以百计。地形地貌东西分异明显,自西向东由山地丘陵向平原过渡,整体地势低平,以平原为主。

2）地域文化的多元兼容

　　江淮地区北与中原地区接壤,长期受到中原发达的政治、经济影响,又受淮河、长江及大运河的水利与水运之惠,自古经济文化发达,是我国主要人口稠密地区,孕育了大量村镇聚落,传统的农耕文明与商贸文化的交融演化,孕育了特色鲜明、独树一帜的江淮地域文化。在数千年文化发展历程中,无论中国文化中心在北方还是在南方,淮河流域都是处于两者之间的过渡地区,江淮地域文化南北过渡色彩浓重(王会昌,1992)。江淮地处中原向南方过渡地带,是从中原通往江南的咽喉要地,战略地位十分重要,江淮地区成为南北政治与文明碰撞交融地带,是中原文化、吴越文化、荆楚文化等几大文化板块交汇之地,加上淮河、长江和大运河的水运纽带作用,促进了多元地域文化在此地区的交流融合,逐渐形成了兼容并蓄的多元文化特征(图1-8)。

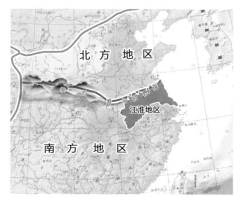 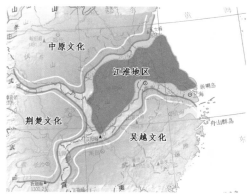

图 1-7　中国南北分界线及江淮地域位置图
资料来源:根据自然资源部标准地图改绘。

图 1-8　江淮地域文化地理格局
资料来源:根据王会昌《中国文化地理》相关内容及自然资源部标准地图绘制。

3）水旱等自然灾害频发

　　气候、水文等自然条件与恣意开发等社会因素交织作用下,江淮地区自然灾害类别多样且成因复杂,尤其是水灾、旱灾与蝗灾等自然灾害频发(张崇旺,2009)(表1-1)。首先,梅雨季节江淮流域出现的强降雨过程是该地区洪涝及其他次生地质灾害发生的重要致灾性因子。强降雨过程不仅可以造成严重的洪涝灾害,还是众多次生地质灾害发生的重要诱因,地质灾害分布主要受到典型强降雨过程的落区控制,地质灾害发生随着典型降雨过程出现而群集发生(李勇,金荣花,周宁芳,蔡芗宁,鲍嫒嫒,2017)。其次,江淮地处东亚季风区,冷暖气流交汇频繁,强对流天气频发,加之江淮地区人口稠密,强对流天气气象灾害风险更加突出,对社会经济发展以及人民生命财产安全造成极大威胁。如 2016 年 6 月 23 日江苏盐城阜宁发生了 EF4 级龙卷,损失惨重,致 99 人失去生命(郑永光,朱文剑,姚姗,2016)。此外,历史上黄河多次夺淮入海,使得原本成形的淮河水系紊乱、下游出海通道淤塞,加重了淮河沿岸洪涝灾害程度。

表 1-1　明清时期江淮各地水旱一览表

地点	水旱灾害总数	水灾次数	旱灾次数	水旱比
安庆府	96	65	31	2.1
庐州府	152	87	65	1.3
凤阳府	131	95	36	2.6
淮安府	150	105	45	2.3
扬州府	66	47	19	2.3

资料来源:张崇旺.明清时期江淮地区的自然灾害与社会经济.福州:福建人民出版社,2009.

频繁而严重的水、旱灾害对江淮地区农业生产产生巨大的冲击。至今频发的水旱灾害对江淮耕地和耕作制度的影响依然十分明显。水、旱灾害直接作用于耕作的土地,使得耕地或盐渍化,或因兴修水利治灾工程而被挖废,严重阻碍江淮地区农业经济的发展。

4) 综合治理与农业开发成效显著

江淮地区地处我国东部季风区,雨热同期,农作物生长期降水、热量、光照等农业气候资源丰沛,平原地形为主,地势平坦,耕地集中连片,土壤肥沃,耕地生产潜力高,加之农田水利开发历史悠久,自古以来都是我国重要的粮食产区。1949 年以来,国家对淮河水患进行了大规模的治理,佛子岭水库、蒙洼蓄洪区(图 1-9)、临淮岗洪水控制工程、淮河入海水道近期工程等一大批治淮工程的相继建成,使淮河流域基本建成以水库、河道堤防、行蓄洪区、控制性水利枢纽、防汛调度指挥系统等组成的防洪除涝减灾体系。1988 年国家启动了以中低产田改造为主要任务的黄淮海平原农业综合开发工程,取得了明显的经济、生态和社会效益(吴凯,谢明,1996)。持续几十年的水利建设和农田基本建设,大大改善了江淮地区农业生产条件,农业综合发展水平显著提高。目前,江淮地区农产品以粮食为主,种类多,总产量大,商品率高,已成为我国重要的商品粮生产基地。

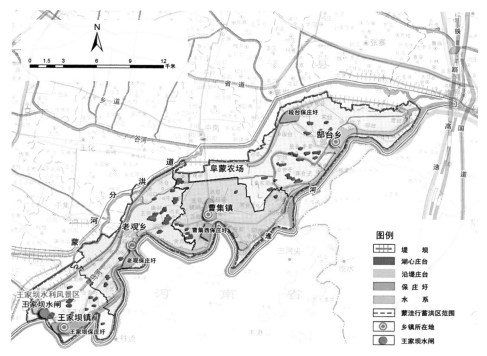

图1-9 阜阳市蒙洼蓄洪区

资料来源:根据阜阳市城乡规划设计研究院提供的相关图件改绘。

注:蒙洼蓄洪区位于阜南县东南部,淮河中游北岸,西起官沙湖,东至南照集,南临淮河,北倚蒙河分洪道,四面环水,东西长约40千米,南北宽2～10千米,呈西南—东北走向的狭长地带,地势由上游王家坝渐向下游曹台子倾斜,由淮河渐渐向蒙河分洪道倾斜,地面高程26～21米,设计蓄洪位27.8米。

1.4 研究范围界定

基于上述关于江淮地区概念由来探源、范围界定以及历史变迁过程等梳理,可以发现,江淮地区不仅是历史形成的地域概念,而且有较为明确的地理界线,即西起大别山麓,东濒黄海,南北以长江、淮河为界。据此将本书研究范围界定为苏皖两省"江淮之间"的区域。为方便收集研究资料,保持县级行政单元的完整性,将地跨淮河两岸的县区整体纳入本书所界定的"江淮地域"研究范围。包括安徽省的淮南市、滁州市、合肥市、六安市、安庆市、马鞍山市的和县与含山县、芜湖市无为市、铜陵市枞阳县、蚌埠市区及怀远县和五河县以及江苏省的淮安市、盐城市、扬州市、泰州市、南通市等(表 1-2、图 1-10)。

表 1-2　江淮地区县级以上行政区划列表(2019 年)

省	市	区/县	村的数量(个)
安徽省	合肥市	蜀山区、庐阳区、瑶海区、包河区、巢湖市、长丰县、肥东县、肥西县、庐江县	1 287
	淮南市	田家庵区、大通区、谢家集区、八公山区、潘集区、凤台县、寿县	829
	滁州市	琅琊区、南谯区、明光市、天长市、来安县、全椒县、定远县、凤阳县	1 001
	六安市	金安区、裕安区、叶集区、霍邱县、舒城县、金寨县、霍山县	1 931
	马鞍山市	含山县、和县	180
	芜湖市	无为市	221
	铜陵市	枞阳县	190
	安庆市	大观区、迎江区、宜秀区、桐城市、潜山市、怀宁县、太湖县、宿松县、望江县、岳西县	1 286
	蚌埠市	蚌山区、禹会区、淮上区、龙子湖区、五河县、怀远县	660
江苏省	淮安市	市辖区、洪泽区、盱眙县、金湖县、清江浦区、淮阴区、淮安区、涟水县	1 272
	盐城市	市辖区、滨海县、阜宁县、射阳县、建湖县、东台市、响水县、亭湖区、盐都区、大丰区	1 705
	扬州市	市辖区、宝应县、仪征市、高邮市、邗江区、广陵区、江都区	1 016
	泰州市	市辖区、兴化市、靖江市、泰兴市、海陵区、高港区、姜堰区、医药高新区	1 262
	南通市	崇川区、通州区、海门区、海安市、如东县、启东市、如皋市	1 267
	南京市	六合区、浦口区	80

注:行政区划分以 2019 年 12 月区划调整为准(六安市乡村数为 2018 年的数据)。

图 1-10　江淮地区乡村人居环境研究范围

江淮地区地处苏皖两省中部,北隔淮河与苏北、皖北相对,南有长江与苏南、皖南分离,西部是安徽省境内的大别山,东部则是江苏省的沿海地区,区域整体是东西长、南北窄,大致呈长方形,面积约 114 300 平方千米,四周分别有山脉、河流、海岸线等明确的自然地理分界线,且与行政区划界线有较高一致性。

1.5　江淮乡村人居环境研究价值

1.5.1　理论价值

现阶段国内外对人居环境的研究大多集中于城市,乡村人居环境方面的研究多集中于乡村人居环境系统的某一方面,或者是某个具体村庄的整体性研究,对完整的地理单元乡村人居环境研究较少。江淮地区是我国农业资源富集、开发历史悠久、农业人口分布相对集中、自然环境较脆弱的地理空间单元,乡村人居环境整体上表现出要素构成独特性、空间分布差异性、建设模式多样性等重要特征。因此,对江淮地区乡村人居环境的研究具有典型性和代表性。本书基于江淮地区的乡村现状和村民认知的视角,分析乡村人居环境的现状问题,调查村民对于人居环境改善的意愿,探讨传统农业区乡村人居环境演化过程、现状特征及优化路径,有助于丰富我国乡村人居环境研究理论与方法体系,为我国乡村人居环境的可持续发展提供理论方法和典型案例参考。

1.5.2　实践价值

乡村人居环境优化是生态文明建设的基本要求,是农村经济可持续发展的基础和前提。国内部分地区已经开展乡村人居环境的整治工作,在取得一定效果的同时也产生不少新问题,如政府主导下的整治忽视了村民意愿,产生农村"千村一面"的现象。通过本次调研,一方面通过对江淮地区乡村人居环境空间分异特征的研究,总结现状特征,分析影响其人居环境的关键因素,有助于促进当地社会经济发展和生态环境保护的协调,推动江淮地区乡村人居环境的改善,并辐射带动周边地区乡村人居环境质量的整体提高。另一方面进一步了解村民对乡村人居环境的认识和对村庄未来发展的意愿,为制定切实可行的策略提供借鉴和指导。

1.6　小结

江淮地区位于长江与淮河之间,西至大别山,东临黄海,既是一个相对完整的自然地理单元,也是一个具有独特发展历史的社会文化地理单元。江淮地区毗邻中原,气候湿润,整体地势平缓,得长江淮河水利之惠,农业开发历史悠久,自古是我国重要的耕地和农业人口集中分布区域。加上江淮地区内部地理环境及发展水平差异明显,形成了独特的乡村人地关系系统,创造了丰富多样的乡村人居环境建设模式。由于开发历史悠久、人口众多、自然灾害频发,江淮地区整体发展相对落后,乡村人居环境建设滞缓,对江淮地区乡村人居环境研究是江淮地区乡村人居环境提升的现实需要,也将有助于丰富我国乡村人居环境研究理论与方法体系,可为我国其他相类似区域乡村人居环境的可持续发展提供参考。

第 2 章　江淮乡村研究现状
与政策变迁

乡村人居环境是农村居民赖以生存的有机载体,包括地域环境和人文环境,国内外相关领域学者对乡村人居环境进行了大量的研究,为江淮地区人居环境的整治提供了借鉴。中国乡村的建设发展一直是党和国家整体建设中的重要部分,是关系国计民生的根本性问题,我国从 1949 年至今制定了一系列的政策来探索社会主义乡村建设的发展,把握乡村振兴战略实施的大背景,致力于"三农"的发展问题。

2.1　乡村人居环境研究概述

2.1.1　国外相关研究

1) 早期经典理论:乡村地理阶段

乡村地理学是国外乡村人居环境的研究起源,主要是源自对地理环境与乡村聚落特征的认识和归纳。早期的城乡差别并不明显,研究侧重于对空间规律和聚落形态的探索,形成了很多经典理论。德国经济学家冯·杜能(J. H. Thünen)(1826)提出古典农业区位理论,他认为农业生产方式在空间上呈现出同心圆式圈层结构。英国社会活动家埃比尼泽·霍华德(Ebenezer Howard)(1898)提出"田园城市"的概念,他将城市和乡村两者的生活紧密联系在一起,共同构成城乡结合体。德国地理学家瓦尔特·克里斯塔勒(Walter Christaller)(1933)创立中心地理论并指出聚落存在不同级别,乡村聚落位于底层,各等级聚落构成相互关联的区域网络,为乡村地理学和空间聚落研究做出突出贡献。20世纪 50 年代,希腊建筑师杜克塞迪斯(C. A. Doxiadis)最早提出"人类聚居学"的概念,认为其是以包括乡村、集镇、城市等人类聚落为研究对象,以建设美好人类生活环境为目的的科学。

2）城市化迅速发展时期：乡村发展阶段

第二次世界大战后，欧美主要国家基本实现了人口城市化，在这一浪潮中，乡村发展被忽视，乡村人居环境问题突出。学者们开始将研究视角转向乡村，主要包括城市化对乡村的影响以及振兴乡村的路径选择两个方面（李伯华等，2008）。美国经济学家阿尔文·汉森（Alvin Hansen）（1970）研究了美国南部和东部的乡村经济问题，认为地方政府应该加大对贫困地区的投资、促进资源的合理分配从而缓解地区贫困；美国经济学家托马斯·索维尔（Thomas Sowell）（1963）认为乡村人口减少带来了地方铁路和公交线的衰败，导致了城乡生活水平差距加大，他认为政府应当承担起健全和维护乡村公交系统的责任。一些学者还将研究视角延伸到发展中国家，认为城乡互动和空间发展是乡村发展的重中之重，试图找出其乡村振兴的路径。英国地理学家奥林（Ohrling）（1977）研究了斯里兰卡的空间重组和乡村变化；美国地理学家吉鲁达（GyRuda）（1998）强调对乡村的保护与更新，包括其自然与文化、地区建筑、独特的村落格局形态、民族特色、历史传承、风俗习惯等。英国地理学家基思·哈法克雷（Keith Halfacree）（1999）利用空间生产理论，分析归纳出四种乡村空间情景模式：超级生产主义乡村、消费的乡村、消逝的乡村和对抗的乡村。

3）后城市化时代：乡村转型阶段

20世纪90年代，西方世界乡村普遍面临着"后城市化"时代的乡村转型，联合国等组织机构用实际行动积极推动人居环境建设。1976年6月联合国第一届人类住区会议（HABITAT Ⅰ，简称"人居一"），提出了"人类住区"（Human Settlements）的概念；1992年6月，环境与发展大会在城市发展理论的基础上提出乡村人居环境发展的相关理论，并开始关注乡村人居环境建设；1996年6月联合国第二届人类住区会议（HABITAT Ⅱ，简称"人居二"），首次提出人居环境概念，并就城市可持续发展的问题进行了系统阐述，将人居环境定义为人类社会的几何体，涵盖城市、乡镇、乡村（杨忍等，2019）；2004年"城市—乡村发展的动力"成为联合国世界人居日的主题，提出在改善城市人居环境的基础上，应适当增加乡村地区的就业机会、公共服务、基础设施等；2016年，联合国在基多召开第三届人类住区会议（HABITAT Ⅲ，简称"人居三"），会议通过的《新城市议程》再次强

调构建永续城市发展理念,秉持"所有人的城市"的基本理念,探讨乡镇、村应如
何规划以发挥其对可持续发展的驱动作用。

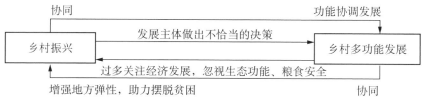

图 2-1 乡村振兴与可持续发展
资料来源:作者绘制。

2.1.2 国内相关研究

1)乡村人居环境类型

国内乡村人居环境在研究对象上,大多数学者会集中于具体案例地区或特定
地理单元,其中重点生态功能区、古村落、大城市周边乡村、山地型乡村和新乡村建
设视角下的乡村人居环境备受关注。刘晨阳(2005)以云南山地型乡村作为研究对
象,提出以小城镇为依托的人居环境建设模式并提出相关建议。周侃(2011)在新
农村建设的背景下以京郊乡村作为研究对象,探讨了其发展变化特征,并运用因子
分析和有序多分类逻辑回归模型,对影响乡村人居环境变化的主要因素进行解析。
杨兴柱等(2013)以皖南旅游区为案例地,构建旅游发展背景下乡村人居环境评价
体系,为推动旅游健康发展与乡村人居环境可持续建设提供借鉴。蒋淑玲等
(2015)在新乡村背景下以湖南省衡阳市为例,梳理现存问题提出对策思考。

2)乡村人居环境评价

国内乡村人居环境评价主要包含两个方面:乡村人居环境质量评价和乡村
人居环境满意度评价。刘滨谊等(2002)对乡村人居环境的评价体系和理论基础
以景观的视角进行了深入的探讨。胡伟等(2006)为实现乡村人居环境的优化,
编制安全格局网络图等图件并对指标的达标验收进行优化。刘学等(2008)以镇
江典型村庄为例,构建乡村人居环境评价模型,由村民满意度评价体系和乡村人
居环境建设水平评价体系共同组成,从主观感知度和客观建设水平两个方面进

行评价,并剖析评价结果及其相互差异。李伯华等(2009)从自然生态环境、乡村基础设施、房屋建筑质量与设计和社会服务与社会关系几个方面构建满意度评价指标体系,并针对评价提出优化策略。郜彗等(2015)基于社会—经济—自然复合生态系统理论,针对我国省域层面建立了一套乡村人居环境建设评价指标体系,包含生态环境、基础设施、公共服务、居住条件和经济发展5个亚目标层,综合评价和分析我国乡村人居环境的区域差异及其发展对策,为实现乡村人居环境建设的分类指导奠定基础。曾菊新等(2016)针对重点功能区构建其乡村人居环境评价体系,采用层次分析等方法从生产环境、农民生活、生态产品供给及生态安全等核心领域,剖析了自然生态环境、社会经济要素空间变化特征。

3) 乡村人居环境规划策略

乡村人居环境的改善和提升是所有研究最终的落脚点。大部分研究均基于现状分析、成因探讨,并借鉴国内外理论和实践成果提出了相应的优化对策。总体而言,政府多是策略实施的主体,区域整体的视角被视为解决乡村问题的根本途径。赵之枫(2001)从人口与消费、城乡关系、生态环境、社区建设、能源利用、使用周期等方面,基于乡村地区出现的污染严重、土地浪费等问题,提出乡村人居环境可持续发展的对策。彭震伟等(2009)提出应在区域城镇化发展的大背景下将乡村人居环境建设进行整体规划,并统筹城乡发展体系。任桐(2011)以吉林省省域为研究视角,针对其乡村人居环境建设存在问题,提出科学制定乡村规划,优化乡村布局。王竹等(2015)针对目前乡村存在的现代功能滞后以及有机秩序退化等问题,基于有机更新理念,对乡村实施"乡村更新共同体"合作机制和以原型调试、本土融合、低度干预为核心的营建方式。赵霞(2016)深入调查京津冀乡村地区人居环境的发展状况,从宏观、中观、微观三个层面提出相应对策及建议。乔杰等(2016)基于鄂西山区的乡村调查与实践,构建"县-乡-村"空间协作平台,提出遵循"低技术、高参与、众筹智慧"的规划策略。

2.1.3   江淮乡村人居环境研究

江淮地区乡村人居环境研究起步较晚,大多依托于规划实践,主要聚焦在乡村人居环境改善的具体问题上。由于江淮地区独特的地理位置和行政区划的不断调整,江淮地区人居环境的整体研究较少,如王苗苗(2006)通过比较江淮地区居住环境地域特色的评价提出差异化的发展方向;顾康康等(2018)通过构建具有地域特色的县域乡村人居环境质量评价指标体系,探讨安徽省江淮地区乡村人居环境质量及空间分异特征。

　　聚焦到乡村人居环境的研究上,部分学者选择江淮地区典型村庄为研究对象,以期通过对现状的调查研究,提出优化改善策略。王建国等(2013)基于江苏省住房和城乡建设厅 2012 年度重点研究课题“江苏省泰州市乡村现状调查及人居环境改善策略研究”,对泰州乡村提出多样化、宜居化人居环境改善的具体方法。黄姝等(2013)阐述了盐城市乡村人居环境发展的现状及存在问题并提出对策研究。周玉佳等(2018)以淮南市夏集镇姚李村村庄规划与改造为实例,通过梳理乡村人居环境建设的问题,提出在改善人居环境视角下美丽乡村建设规划的策略,制定适合当地的乡村空间建设规划。成青青(2018)通过海门市 9 个村实证调查对乡村环境整治的现状作做了分析并提出了相应的整治对策。蒋泽宇(2019)以巢湖中庙镇的人居环境整治为例,依托其自有的特点,探求乡村人居环境优化路径。陈峰燕(2019)通过分析南通市乡村人居环境改善工作中存在的主要问题,提出其整治的重点领域,并在此基础上,提出构建乡村人居环境整治的四大机制。李雯雯(2019)以江苏淮安为例,通过大量探索性实验找寻适合乡村振兴背景下的乡村人居重构路径。苗晏凯(2019)以扬州椿树庄与郑家庄为例,针对村庄在环境治理、公共空间、景观功能、规划主体等方面的问题,提出乡村人居环境价值提升规划设计策略。周玉佳等(2020)以淮南市姚李村美好乡村规划为实践基础,从村庄产业发展、环境保护、公共服务设施、建筑改造、环境整治等方面出发,探讨乡村规划与村庄人居环境改善策略。黄晓庆(2019)通过对江苏省海门市瑞北村平安社区人居环境演变过程的研究,从生态系统、村民与政府层面提出改善人居环境策略。

2.2　江淮乡村人居环境政策变迁与解读

　　促进“乡村振兴战略”发展及乡村人居环境的改善是国家和各省关注的重

点,国家在经济社会发展的不同发展阶段根据国情因地制宜地制定了一系列相关政策来引导"三农"的发展,坚持把解决好农业农村农民问题作为全党工作的重中之重,国家政策的颁布与实施是引导和规范社会发展的重要基础,是解决问题、实现目标的重要手段。

2.2.1 政策变迁

农民、农村和农业即"三农"问题一直以来都是国家关注的重点,乡村发展已成为促进城镇化发展的关键。在新型城镇化背景下,其理念核心在于不以牺牲农业、生态和环境为代价,乡村功能进一步拓展为"生态保护、文化传承"等多个方面。改善乡村人居环境是全面建设小康社会、促进经济发展和社会稳定的重要任务,国家和地方政府对乡村建设给予了前所未有的重视。所以在此过程中,国家和地方政府对待乡村的政策就显得尤为重要,特别是国家层面。2017年,中央一号文件指出,要深入开展美丽宜居乡村建设,加快乡村环境整治和基础设施建设工作,加强乡村公共文化服务体系建设,完善基层综合性文化服务设施,开展乡村人居环境和美丽宜居乡村示范的工作。江淮地区所处的江苏省和安徽省也陆续出台了系列政策文件,引导乡村建设。江苏省在发布的《关于开展美丽乡村建设示范工作的通知》中要求,以农村产业发展为基础,以乡村人居环境提升为核心,以村庄基本公共服务完善为切入点,以农村综合配套改革为保障,实行分类指导,按照"一村一品一特色"的思路,因地制宜建设人文特色型、自然生态型、现代社区型、整治改善型等美丽乡村示范村。安徽省在发布的《美丽乡村建设工程实施办法》中提出,要按照全面建成小康社会和建设社会主义新农村的总体要求,通过"两治理、一加强"的手段,围绕"生态宜居村庄美、兴业富民生活美、文明和谐乡风美"的建设目标,全面推进美丽乡镇建设、中心村建设和自然村环境整治,努力打造农民幸福、生活美好的家园。并鼓励有条件的乡镇在"两治理、一加强"的基础上,开展生活污水处理、沿街建筑立面改造、环境景观综合整治,深入挖掘传统文化,保持乡镇特色风貌。所以,中央和江淮地区的乡村政策变迁直接影响着江淮地区千千万万的农民的生活和工作等方面。江淮地区的乡村政策变迁可分为三个阶段,分别是1949—1978年新中国成立之初到改革开放前夕、1978—2005 年改革开放之初到党的十六届五中全会正式提出建设社会主义新农村的重大历史任务和 2005 年至今,具体参考附录 2。

1949—1978 年江淮地区的乡村政策主要体现在土地政策这一方面,这一时期也是新中国成立初期到改革开放前。我国在社会主义建设总路线的指导下,加快农业农村建设和发展集体经济,以农业为基础,农业支持工业的发展,奠定了新中国农业农村政策框架。

1978—2005 年期间是乡村政策变迁的重要时期,农村改革成为我国改革开放的重要起点和突破口,20 世纪 80 年代的农村改革以解放生产力、发展生产力、激活农村市场经济为核心,90 年代的农村发展战略导向则是在此基础上逐步构建社会主义农村市场经济体制,使我国农业农村发展步入市场化轨道。通过一系列改革,我国社会主义农村市场经济体制基本形成,农业综合生产力显著提升,农民生活水平大幅提高。

2005 年以来,中国的乡村政策又迎来新的发展时期。2005 年,党的十六届五中全会正式提出建设社会主义新农村的重大历史任务,开始把解决"三农"问题摆在社会主义现代化建设中的关键环节,中央一号文件持续聚焦"三农"问题,深入贯彻落实"乡村振兴"战略,加强农村基础设施建设、改善农村生产生活条件,加强人居环境整治,将提高农民幸福感和获得感作为全党工作的重中之重。

2.2.2　政策解读

江淮地区的乡村人居环境建设的实践主要是以政府为主导,自上而下地开展乡村建设,目前江苏和安徽是以环境整治为主,并通过出台相应政策来指导乡村建设。

1) 安徽省:从新农村到乡村振兴

2003 年以来,村庄整治在中国广大农村逐渐展开,安徽省针对农用地、建设用地和未利用地的开发与利用取得了积极的进展。2005 年"建设社会主义新农

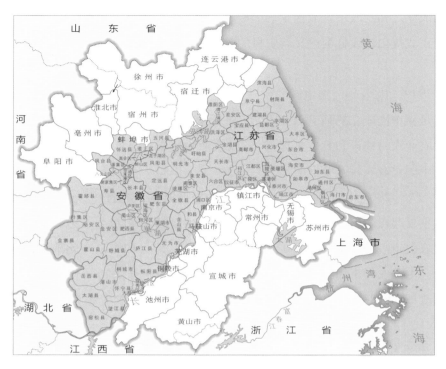

图 2-2　江淮地区区位图

村"的战略任务提出，省委、省政府决定在全省开展实施新农村建设"千村百镇示
范工程"，安徽省的村庄建设不断发展，乡村道路实现村村通、路面基本硬化，文
化广场、活动室等基础配套设施逐步完善，农村土地利用也更加高效与集约，传
统的自建房规模得到了有效控制，在乡村面貌改变的同时村民的幸福感也显著
增强。但在大规模的新农村建设过程中，也出了诸多的问题。传统的村落与建
筑风貌丧失，千篇一律，失去了原有的韵味，部分历史建筑物遭到不同程度的损
坏，耕地占用、生态破坏的现象频发，由于缺乏经济动力和制度保障，农村产业发
展不景气，村庄依旧发展无序、盲目布局，此外制度设计和村民观念意识也存在
问题。

　　随着 2013 年"美丽乡村"建设的开展，安徽省乡村建设发展和人居环境得到
很大提升。为进一步加快"美丽乡村"建设，省委省政府出台《安徽省人民政府办
公厅关于改善乡村人居环境的实施意见》《安徽省改善乡村人居环境规划纲要
(2015—2020 年)》《安徽省乡村人居环境综合整治方案》等相关政策，引领乡村人

居环境建设。人居环境规划建设主要分两个阶段：首先选择不同地区、不同类型的村庄进行试点，编制改善乡村人居环境规划，制定改善乡村人居环境技术导则，开展技术培训，总结经验；然后全面推进建设工作，提升乡村人居环境。同时，强调一体化推进乡村垃圾、污水、厕所专项整治"三大革命"，大力开展乡村垃圾治理，扎实推进乡村污水处理，稳步实施乡村厕所改造，努力打造绿色美好家园。

安徽省作为农业大省，全面完成"三农"领域的硬任务具有特殊重要性，必须坚决把硬任务攻下来、完成好。为全面贯彻落实 2019 年中央一号文件精神，如期实现全面建成小康社会第一个百年奋斗目标，结合安徽省实际，出台了《中共安徽省委安徽省人民政府关于坚持农业农村优先发展做好"三农"工作的实施意见》，文件瞄准安徽省近两年"三农"工作必须完成的硬任务，谋实谋细政策举措，两年任务一并部署推进，集中力量抓重点、补短板、强基础。2020 年是全面建成小康社会目标实现之年，是全面打赢脱贫攻坚战收官之年。完成这两大目标任务，脱贫攻坚最后的堡垒必须攻克，全面小康"三农"领域突出的短板必须补上。"三农"工作成效，关系到脱贫攻坚质量，关系到全面建成小康社会的成功，关系到经济社会发展大局的稳定。为全面贯彻落实 2020 年中央一号文件精神，结合安徽省实际，出台了《中共安徽省委安徽省人民政府关于抓好"三农"领域重点工作确保如期实现全面小康的实施意见》。针对全面建成小康社会目标，围绕完成打赢脱贫攻坚战和补上全面小康"三农"领域突出短板两大重点任务，对抓好2020 年"三农"领域重点工作作出了系统部署。

为深入贯彻落实乡村振兴战略的重要指示精神，安徽省自然资源厅在 2020年 4 月研究制定的《安徽省村庄规划编制技术指南》（试行）中提到人居环境整治要综合考虑群众接受、经济适用、维护方便，根据不同村庄的特点，重点从空间布局、设施布置、风貌引导等方面明确整治要求、措施和具体建设内容。农村人居环境整治，是党中央作出的重大决策部署，是实施乡村振兴战略的第一战役，经过政府出台的一系列政策引导，安徽省乡村人居环境得到极大改善，农民生活质量普遍提高。

党的十九大提出实施乡村振兴战略后，省委省政府为此出台包括《中共安徽省委安徽省人民政府关于推进乡村振兴战略的实施意见》《安徽省乡村振兴战略规划（2018—2022年）》等相关文件，力求全面把握实施乡村振兴战略的总体要求，要坚持农业农村优先发展，按照产业兴旺、生态宜居、乡风文明、治理有效、生活富裕的总要求，建立健全城乡融合发展体制机制和政策体系，加快推进农业农村现代化，让农业成为有奔头的产业，让农民成为有吸引力的职业，让农村成为安居乐业的美丽家园。

"十四五"时期，是乘势而上开启全面建设社会主义现代化国家新征程、向第二个百年奋斗目标进军的第一个五年，2021年是"十四五"开局之年，做好这一年及"十四五"时期"三农"工作具有特殊重要的意义。推进新阶段现代化美好安徽建设，最艰巨最繁重的任务依然在农村，最广泛最深厚的基础依然在农村，最大最充足的底气依然在农村，做好新发展阶段"三农"工作具有特殊重要性和现实紧迫性，举全省之力全面推进乡村振兴，加快农业农村现代化，促进农业高质高效、乡村宜居宜业、农民富裕富足。为全面贯彻落实2021年中央一号文件精神，结合安徽省实际，省委、省政府出台了《中共安徽省委安徽省人民政府关于全面推进乡村振兴加快农业农村现代化的实施意见》。实现巩固拓展脱贫攻坚成果同乡村振兴有效衔接，加快推进农业现代化，大力实施乡村建设行动，深化农村改革，加强党对"三农"工作的全面领导，提出分类全面推进乡村振兴，开展乡村振兴示范县（市、区）、示范乡镇、示范村创建等活动。

从2006年"新农村"建设开始以来，安徽省各村镇风貌发生了巨大的变化，一部分农村受益于城镇化，农村面貌日新月异，实现了"城乡一体化"；另一部分农村则由于所处的地理环境等因素，日益走向衰落，农村经济社会发展滞后的局面并没有得到根本性改变，城乡及乡村内部之间发展不平衡问题仍然存在，农村发展不充分问题显著。对比新农村建设的目标要求，党的十九大提出的乡村振兴战略的目标更加高远，内涵更加丰富，体现了"对新农村建设的延续、超越与升华，体现了农业农村发展到新阶段的必然要求，体现了党中央对"三农"问题的再思考、再出发、再部署。安徽省是农业大省，全面地把握从"生产发展"向"产业兴旺"跃升，从"村容整洁"向"生态宜居"跃升，从"管理民主"向"治理有效"跃升，从"生活宽裕"向"生活富裕"跃升是安徽省农业农村发展到新阶段的必然要求。推进新阶段现代化美好安徽的建设，最艰巨最繁重的任务在农村，聚焦"三农"问题依然是重中之重。

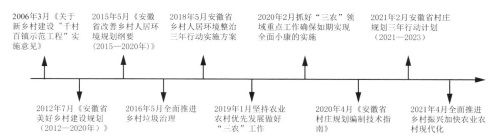

图 2-3　安徽省政策演变历程
资料来源:编者自绘。

图 2-4　肥西县山南镇郭家板墙
资料来源:《肥西县山南镇郭家板墙村庄规划设计》。

2) 江苏省:从美好城乡到特色田园乡村

"十二五"以来,为改善城乡建设环境,江苏实施了"美好城乡建设行动"。其在乡村层面的主要做法是:建立"全省村庄环境整治管理信息系统",细化确定村庄整治名单与工作;编印《村庄环境整治技术指引》及拍摄《村庄环境整治技术指引》技术指导影片,统一印制并免费发放至所有行政村,广泛开展技术培训;强化经费保障,确保资金集中投向列入整治计划的村庄,不增加农民负担。这一阶段不但关注个体的村庄物质环境建设和美丽村庄建设,同时关注在村域、镇域或县市区域内统筹乡村产业发展、文化建设、生态修复、人才培育、治理创新等方面的工作,由点到面、由村庄到区域,全方位地发挥乡村的多重功能价值,系统全面地开启乡村建设的新时代。

但伴随而来的问题依然存在,如"老龄化"及人口流出问题,公共服务短缺及乡村投入不足问题,空间持续扩张及乡村人口收缩问题。2018 年《中共江苏省委江苏省人民政府关于贯彻落实乡村振兴战略的实施意见》出台后,江苏省提出建设立足乡土社会、富有地域特色、承载田园乡愁、体现现代文明的特色田园乡村。依据特色、田园、乡村3个要素,努力探索一条符合规律、契合实际的乡村人居环境改善策略,力求尽可能客观、全面、真实地反映农民对于乡村人居环境的改善现状及未来发展方向的认知,建设"强富美高"新江苏。

为贯彻《中共中央国务院关于建立国土空间规划体系并监督实施的若干意见》,支持乡村振兴战略实施、苏北农民群众住房条件改善、农村人居环境整治等工作开展,加强乡村地区规划管理,依据《中央农办农业农村部自然资源部国家发展改革委财政部关于统筹推进村庄规划工作的意见》,落实《自然资源部办公厅关于加强村庄规划促进乡村振兴的通知》,发布《江苏省自然资源厅关于做好"多规合一"实用性村庄规划编制工作的通知》,以加快推进镇村布局规划优化完善,因地制宜推进村庄规划编制,着力提高村庄规划编制水平,加强规划编制工作组织,加强村庄规划实施管理,加快形成试点经验。2020年是全面建成小康社会和"十三五"规划收官之年,是推进"强富美高"新江苏建设再出发的起步之年,是应对新型冠状病毒感染肺炎疫情冲击的重大考验之年。统筹做好农村疫情防控和"三农"重点工作,巩固提升脱贫攻坚成效,补上高水平全面小康"三农"发展短板,打牢农业农村现代化基础,具有特殊重要意义。《中共江苏省委江苏省人民政府关于抓好"三农"领域重点工作确保如期实现高水平全面小康的意见》指出要巩固提升脱贫攻坚成效,扎实补好农村民生短板,确保重要农产品有效供给和农民稳定就业,扎实推进农业农村现代化,夯实农村基层治理根基,强化"三农"发展保障措施。随着《江苏省村庄规划编制指南(试行)(2020年版)》文件的发布,江苏省将更加有效地加快推进苏南苏中地区镇村布局规划优化完善,积极稳妥地开展村庄规划编制工作,着力提高村庄规划编制水平,有序推进村庄规划审批报备。

推进特色田园乡村建设,目的是发挥乡村独特禀赋,以田园生产、田园生活、田园生态为核心组织要素,实现多产业多功能有机结合,促进乡村经济社会的整体进步,努力走上一条乡村复兴之路,让城镇化成为"记得住乡愁"的城镇化,让现代化成为有根的现代化。部署推进特色田园乡村建设,就是要坚持问题导向、着眼矛盾解决,注重在更基层、更广阔的乡村一端发力,引导乡村的理性建设,吸引人口、资源、技术等要素向乡村回流,提升乡村内生活力。江苏省推进特色田园乡村建设,具备良好的基础和条件,接下来要进一步深化思想认识,加大工作力度,提升建设水平,积极探索乡村复兴的江苏路径,努力构建田园乡村与繁华都市交相辉映的城乡形态。经过 3 年建设与探索,截至 2020 年,70 余个试点村庄取得建设成效,展示了特色田园乡村建设成果,是江淮地区乡村建设实践的一个重要环节。

　　安徽省和江苏省在贯彻落实党中央一号文件中关于乡村振兴战略的基础上,因地制宜、实事求是地制定了一系列推动乡村振兴发展的政策文件。安徽省关于乡村振兴战略在政策演变方面由最初的谋划设计、积极探索到全面推开、全面推进,工作重心由之前的打赢脱贫攻坚到新发展阶段的全面推进乡村振兴的部署。江苏省关于乡村振兴战略在政策演变方面的要求由建设“强富美高”即经济强、百姓富、环境美、社会文明程度高的新江苏重要战略任务到新阶段的促进农业高质高效、乡村宜居宜业、农民富裕富足,奋力走出一条具有江苏特色的农业农村现代化道路。

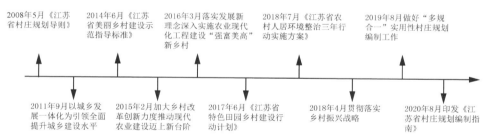

图 2-5　江苏省政策演变历程
资料来源:编者自绘。

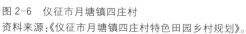

图 2-6　仪征市月塘镇四庄村
资料来源:《仪征市月塘镇四庄村特色田园乡村规划》。

2.3　小结

在乡村人居环境理论研究中,国内外不同学者进行了深刻而广泛的讨论,涉及多种领域,从不同侧重点提出的乡村发展的相关理论具有差异性。总体而言,在研究主体层面,由于国外较早建设乡村人居环境,关于乡村人居环境理论的研究早于国内且日趋成熟,研究主要分为乡村地理、乡村发展、乡村转型三个阶段。而国内学者在此基础上从乡村人居环境类型、乡村人居环境评价、乡村人居环境规划策略多个角度进行了解释框架的完善,尤其自吴良镛先生提出"人居环境科学"以来,乡村人居环境理论研究已拓展到不同学科,其相互之间交叉融合。

江淮地区乡村人居环境研究起步较晚,早期大多依托于规划实践,主要聚焦在乡村人居环境改善的具体问题上,研究具有很强的政策导向性,在乡村振兴战略提出后,研究成果明显增加。在研究方法上,从单一的定性描述逐渐向定性与定量相结合的方式转变,软件分析技术和经典分析模型被大量使用,尤其是在指标体系构建和评价的相关成果中,量化分析结果直观体现了人居环境质量以及存在的问题。在实证研究方面,由于乡村层面的数据和资料的可获取性较弱,案例大都集中在微观尺度,缺乏较为全面的、系统性的研究成果。

江淮地区乡村人居环境建设与全国基本一致,经历了乡村生活基础设施建设、乡村环境整治、乡村景观美化等三个阶段。相对而言,江淮地区乡村人居环境建设起步较晚,多处于基础设施建设与环境整治前期阶段,乡村基础设施与公共服务设施水平并不高,近年来江淮地区更加重视乡村民生,在加强乡村人居环境整治、改善村容村貌方面取得一定成果。虽然政府给予高度重视,相继出台相关政策并大力推进乡村人居环境建设,但由于时间较短,成效还未显现。乡村人居环境建设并非一朝一夕,结合地区特色系统性研究江淮地区乡村人居环境具有重要意义。

第3章 江淮乡村自然环境特征

自然环境既是区域人居环境的重要组成部分,也是区域人居环境营造和建设的基础。江淮地处我国东部湿润季风气候区,地势西高东低,境内大部地势低平,长江淮河横贯东西,大运河纵贯南北,河湖水系发达,自然环境良好,适于农业发展和乡村人居空间营造。本章将从气候、地形、水系和水土资源等方面阐述江淮地区乡村人居环境的自然环境主要特征。

3.1 气象气候

秦岭淮河是我国东部地区亚热带与温带、湿润地区与半湿润地区的地理分界线。江淮地处亚热带最北部、淮河南缘,属于典型东亚季风气候,并具有北亚热带与暖温带过渡性特征。江淮地区总体上呈现出春暖秋凉、夏热冬寒、四季分明,降水丰沛、光照充足、雨热同期等气候特征。年平均温度15℃左右,年降水量1 000毫米左右,降水主要集中在6—9月,占全年降雨量的近60%,雨热同期(图3-1)。

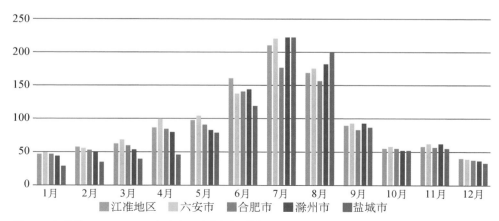

图3-1 江淮地区2000—2019年降水量季节变化(单位:毫米)
资料来源:根据2000—2019年安徽省和江苏省各年统计年鉴相关数据汇总绘制。

从江淮地区 2000—2019 年 20 年间的年降水量变化看,江淮地区年降水量均在 1 100 毫米左右,降水充沛,年际变化较大(图 3-2)。

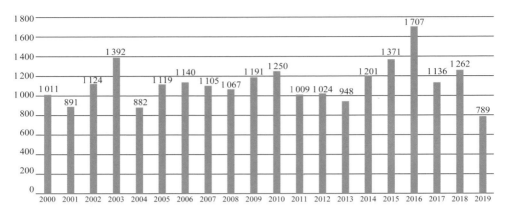

图 3-2　2000—2019 年江淮地区降水量变化(单位:毫米)
资料来源:根据 2000—2019 年安徽省和江苏省各年统计年鉴相关数据汇总绘制。

受地理位置、地形地貌等影响,江淮地区气候呈现出较明显的区域差异性特征。年平均降水量和气温总体上均呈现南高北低、沿海高内地低、大别山南坡高北坡低的格局。

3.2　地形地貌

江淮地区南北分别以长江、淮河为界,东至黄海海岸,西抵大别山区,地势西高东低,主要由大别山区、江淮丘陵和苏中平原三个主要地貌类型区组成,构成一个相对独立的地理单元(图 3-3)。

① 西部的大别山区。仅指安徽省内属于江淮地区的那一部分,包含六安市大部分地区和安庆市部分地区,其平均海拔 500～800 米,最高峰白马尖位于霍山县,海拔 1 777 米。大别山区是江淮地区的西部屏障。

② 中部江淮丘陵及沿江与沿淮平原。江淮丘陵又称江淮分水岭,为秦岭、大别山向东的延伸部分,是长江流域与淮河流域的分界线,地处安徽省中部,面积约 2 万平方千米,海拔在 100～300 米之间,包括霍邱、寿县、肥东、肥西、六安(金安区)、长丰、定远、凤阳、滁州、天长、全椒、来安、巢湖等市县,是古代吴楚接壤之地。在江淮丘陵南北部则分别为沿江北岸平原和淮河中下游南岸平原。南部长

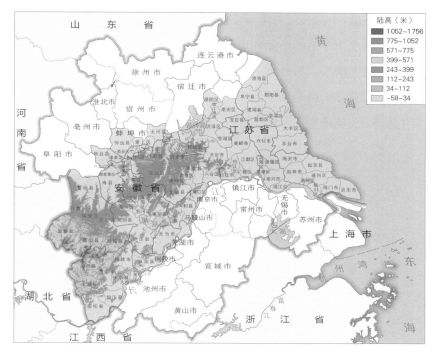

图 3-3　江淮地区地形地貌图
资料来源：根据地理空间数据云平台提供的矢量数据及中科院资源环境科学与数据中心提供的 ALOS 12.5 米数字高程绘制。

江中下游北岸平原和巢湖盆地，整体地势平坦，水网稠密，农业较为发达，是江淮地区主要的粮食产地；北部为淮河中下游南岸平原，包含淮南市、蚌埠市、滁州市的定远县、凤阳县、明光市以及淮安市的盱眙县等，是黄淮海平原的一部分。

③ 东部苏中平原。位于江苏省长江与淮河之间，属江淮平原一部分，主要由里下河平原、苏北滨海平原、部分长江新三角洲平原和徐淮黄泛平原组成，包含滁州市的天长市以及江苏省部分，总面积约 58 443 平方千米。本区域水网密集，湖泊众多，长江、淮河和运河三大水系贯穿其中，洪泽湖、高邮湖和里下河水网穿插其中。

总体来看，江淮地区地形以平原为主，低山丘陵为辅，两者所占比重较大，为农业开发和乡村人居空间建设提供了良好条件。

3.3　河湖水系

从河流水系分布来看，江淮地区水网稠密，南北有长江、淮河干流横穿，东部有大运河南北贯通,中部长江与淮河支流广布,大小湖泊数以百计(图 3-4)。其中有中国五大淡水湖中的洪泽湖和巢湖,除此之外还有高宝湖群与射阳湖群,统称为江淮地区四大湖区。另外,在大中型湖泊的周边孕育出众多湖滨湿地,如洪泽湖湿地、高邮湖湿地、骆马湖湿地等;湖滨的生态系统多样,主要有湖泊生态系统、河流生态系统、草地生态系统、农田生态系统及森林生态系统。

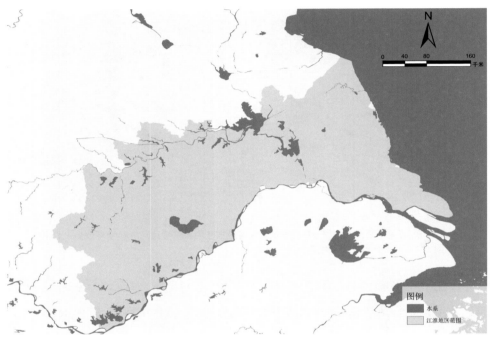

图 3-4　江淮地区河流湖泊分布图
资料来源:根据 open street map 在线数字底图绘制。

3.4　水土资源

江淮地处湿润的北亚热带季风气候区,降水丰沛,又有淮河长江中下游干支流丰富的径流资源,地域水资源总量丰富(图 3-5),但水资源分布存在明显的区域差异、年际差异和季节差异。江淮地区西部大别山区域和东部沿海区域,降水量丰沛,蓄水能力强,地下水资源补给较多。其中,六安市、安庆市、盐城市和合肥市等四市水资源总量最高(图 3-6)。

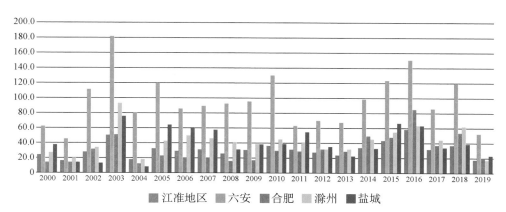

图 3-5　江淮地区 2000—2019 年水资源总量年际变化(单位:亿立方米)
资料来源:根据 2000—2019 年安徽省和江苏省各年统计年鉴相关数据汇总绘制。

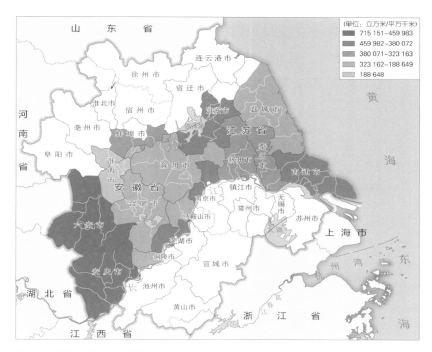

图 3-6　2000—2019 年江淮地区各市年地均水资源空间分布图(单位:立方米/平方千米)
资料来源:根据 2000—2019 年安徽省统计年鉴和江苏省统计年鉴资料汇总绘制。

　　季风气候的不稳定性使得降水年际变化大,沿淮平原及沿江平原地区极易
受到洪水威胁,尤其是靠近淮河和洪泽湖区的地区,因淮河两头翘、中游河形弯
曲的特点,易造成河水泛溢成灾。苏中平原、环巢湖区域等地势低洼地区涝灾频
发。降水的季节变化和年际变化大又导致区域水资源的季节分配、年际分配不

均匀,往往导致旱涝交替出现。江淮丘陵地带因地势较高,灌溉条件不佳,水灾较少,而旱情较重。

江淮地区虽降水充沛,但年降水量和水资源总量之间的差距较大。江淮地区的水资源在空间分布上存在着明显的地区差异。地表径流资源年际差异明显。2016 年淮河流域地表水资源量 705.09 亿立方米,折合年径流深 262.2 毫米,比常年偏多 18.5%;2016 年平均降水量 965 毫米,较常年偏多 10.3%,其中江淮地区所处的安徽省和江苏省偏多程度分别超过 19%、18.1%,这也使得江淮地区面临很大的洪涝隐患和抗洪压力。

江淮地处我国东部季风区,水、热、土等资源丰富,地形以平原丘陵为主,大部地势平坦,土地开发条件良好,是我国农业开发历史最悠久区域之一,因而耕地资源数量丰富、分布集中。2015 年江淮地区耕地面积 4 842.875 千公顷,是全国重要的粮食产地之一。耕地资源主要集中在江淮分水岭、淮河中下游南岸平原和里下河平原区域(图 3-7)。

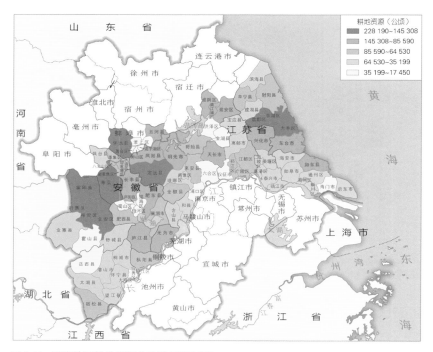

图 3-7　江淮地区耕地资源分布图(2015 年)
资料来源:根据《安徽省统计年鉴(2016)》《江苏省统计年鉴(2016)》相关数据绘制。

3.5　小结

　　江淮地处我国东部,气候湿润、雨热同季,水热等农业气候资源条件好;地貌以平原丘陵为主,除皖西大别山区,大部区域地势平坦,土地开垦条件好,耕地资源集中;河湖湿地多,水系发达,水资源丰富。江淮地区自然环境良好,水、热、土等农业资源丰富,区域生态承载潜力较大,从而为江淮地区农业开发和乡村人居环境建设提供了良好的区域基础。这些自然环境条件非常有利于农业生产,自古农业发达,形成了具有江淮特色的乡村人居环境系统。

　　同时,从上述区域自然环境特征阐述中,我们看到江淮地区自然环境也存在诸多不利因素,季风气候的不稳定性、水资源的季节变化和年际变化大,导致洪涝旱灾容易发生;土地资源数量和质量区域差异大;江淮丘陵和大别山区土地质量不高且易受旱灾等,这些自然环境不利因素,在一定程度上制约了乡村发展和人居环境质量提升。

第4章　江淮乡村经济社会

　　经济社会既是乡村人居环境的重要组成部分,也是乡村人居环境营造和建设的动力。江淮地区作为一个独特的地域文化单元,乡村社会经济有着显著的地域特色,乡村人口分布、经济发展、区域联系、地域文化特色明显。明确江淮地区社会经济发展特征,识别存在的问题与形势,可以为改善江淮地区乡村人居环境提供重要依据。

4.1　人口分布

4.1.1　人口构成

1) 农业与非农人口构成

　　江淮地区乡村人口不断减少,乡村空心化、人口老龄化、留守儿童等社会问题逐渐凸显。2015 年,江淮地区乡村农业人口 2 571.74 万人,占该地区乡村总人口的 94.24%,非农人口 157.15 万人,仅占 5.76%,表明乡村人口仍以农业人口为主。在空间分布上,江淮地区乡村人口主要集中在里下河平原和沿淮平原,最多为每百平方千米 6 731 人,而中部地区由于地形和黄河夺淮的影响,乡村人口密度相对较低(图 4-1)。

2) 年龄构成

　　根据全国第六次人口普查数据,江淮地区乡村人口结构呈现出老龄化的趋势(图 4-2),60 岁以上人口占总人口的 20%,而同期全国老龄人口仅占12.78%。由此可见,江淮地区乡村人口的老龄化现象更为严重。

　　根据 2015 年住建部乡村人居环境调查数据,江淮地区乡村常住人口的年龄构成中 60 岁以上的占 22%,16 岁以下占 18%(图 4-3)。江淮地区乡村外出打工的年龄集中在 15～59 岁,外出打工人口比例高。江淮地区乡村的衰退现象显

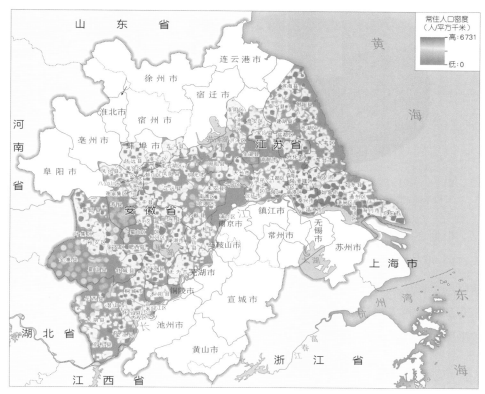

图 4-1　2015 年江淮地区各区县乡村人口密度
资料来源:根据《安徽省统计年鉴(2016)》《江苏省统计年鉴(2016)》绘制。

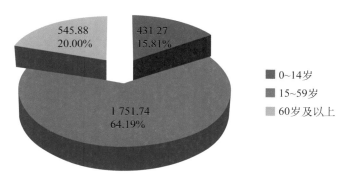

图 4-2　2010 年江淮地区乡村人口年龄构成(单位:万人)
资料来源:根据第六次全国人口普查资料绘制。

著,留守在乡村的人口大多为老人和未成年。随着城镇化进一步推进,乡村地区青壮年劳动力大量外流,农活只能由留守老人承担,留守儿童和老龄化问题严重,乡村家庭的生产组织功能逐渐减弱,养老、教育功能面临挑战。

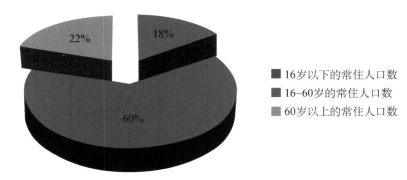

图 4-3　2015 年江淮地区乡村常住人口年龄结构
资料来源:根据 2015 年全国乡村人居环境数据库绘制。

　　根据 2015 年住建部乡村人居环境调查数据,江淮地区乡村常住人口占户籍
人口的 90.7%。另外,由于江淮地区的自然环境和地理条件的特殊性与复杂性,
其内部不同区域乡村人口结构呈现出较大差异(图 4-4)。江淮地区西部的乡村
比东部的乡村人口流失更为严重,位于山区与丘陵地区的乡村,其人口流失现象
较平原地区的乡村更为严重。位于平原地区的乡村距离城市较近,甚至就处于城

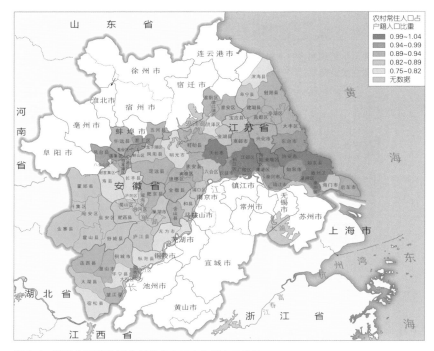

图 4-4　2015 年江淮地区乡村常住人口占户籍人口比重
资料来源:根据 2015 年全国乡村人居环境数据库绘制。

市近郊区,村民可以实现原地城镇化,人口迁移现象不明显;而位于山区和丘陵地区的乡村,距离城市较远,大量乡村劳动力的迁出造成了当地人口的锐减。

3) 性别构成

根据全国第六次人口普查,江淮地区乡村人口中,男性人口占 50.03%,女性占 49.97%,比男性人口少 1.48 万人。

4.1.2　人口流动

1) 常住人口变动

江淮地区常住人口总体上呈现缓慢增长的态势,但增长幅度较小(图 4-5)。其中,江淮地区安徽部分常住人口先减少后缓慢增加,2009 年至 2015 年共增长 13 万常住人口,江淮地区江苏部分平均每年新增常住人口量约为 27.6 万人。分析其原因,这与地区经济发展状况及产业可吸纳劳动人口的能力有关,安徽省在经济总量及经济增速上与江苏省差距较大(图 4-6),产业经济对人口的吸纳能力有限,导致其常住人口增量较小。

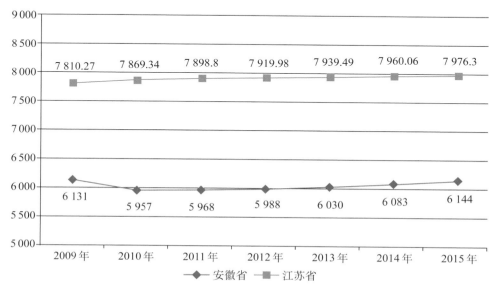

图 4-5　江淮地区常住人口变化图(单位:万人)
资料来源:《安徽省统计年鉴(2016)》《江苏省统计年鉴(2016)》

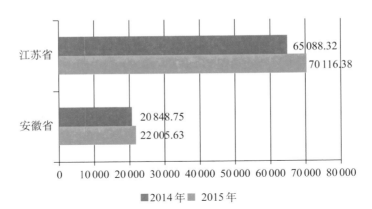

图 4-6　江淮地区生产总值比较(单位:亿元)
资料来源:根据《安徽省统计年鉴(2016)》《江苏省统计年鉴(2016)》绘制。

　　与两省常住人口的缓慢增长不同的是,乡村常住人口在逐步减少(图 4-7),这与地区经济发展和城镇化进程一致,表明城镇化发展对乡村人口流动不可逆的吸附性。同时可以看到,自 2009 年以来,两省乡村常住人口的减少速率基本保持匀速,安徽省约为 2.54%,江苏省约为 4.22%,整体上人口减少的波动性不大,反映了当前城镇化发展对乡村人口的稳定且持续的吸引作用。

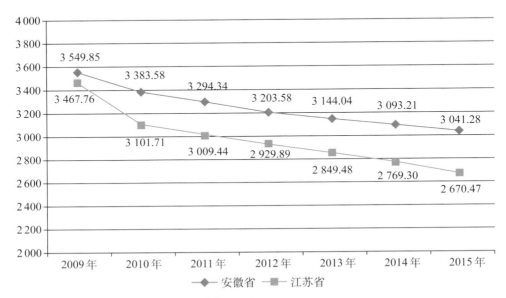

图 4-7　江淮地区乡村常住人口变化图(单位:万人)
资料来源:根据《安徽省统计年鉴(2016)》《江苏省统计年鉴(2016)》绘制。

2) 人口跨区域流动

户籍人口与常住人口的对比变化是衡量人口的跨区域流动的重要手段,本研究选取 2009 年以来安徽省、江苏省的户籍人口与常住人口的统计数据进行比较,可以清晰掌握乡村人口的跨区域流动状况。

图 4-8 可以看出,安徽省户籍人口变化曲线在 2013 年以前属于加快增长时期,2013 年直至 2015 年,增长曲线曲率减小,人口增长速度放缓,进入缓慢增长阶段。与户籍人口增长曲线不同的是,2009 年至 2010 年,常住人口较快减少,与户籍人口的差距显现,人口省际外流现象凸显。2010 年以后常住人口进入缓慢增长时期,特别是 2013 年以后,增长曲线进入加快增长阶段,与户籍人口的差距逐渐缩小,人口回流的趋势愈发明显。

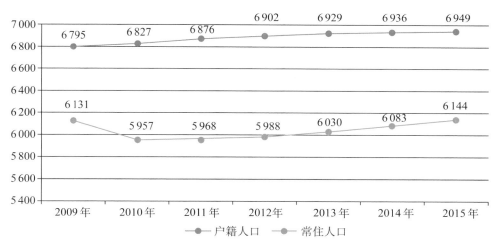

图 4-8 安徽省户籍人口与常住人口变化图(单位:万人)
资料来源:根据《安徽省统计年鉴(2016)》绘制。

图 4-9 可以看出,江苏省户籍人口变化曲线在 2012 年以前属于持续增长时期,2012—2015 年,增长曲线曲率增大,人口增长速度加快,进入加快增长阶段。与户籍人口增长曲线不同,近几年江苏省常住人口变化可分为三个阶段。第一阶段,2009—2012 年,这一阶段常住人口增速与户籍人口增速趋于一致;第二阶段,2012—2014 年户籍人口增速明显超过常住人口增速,这一阶段人口流入的趋势十分明显;而到 2014 年后常住人口增速有所下降。

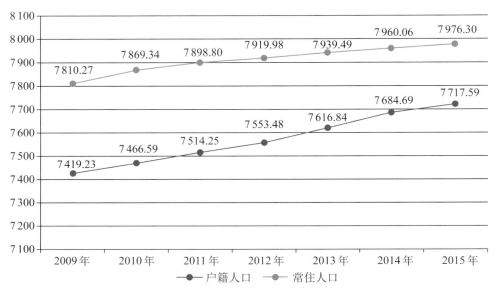

图 4-9　江苏省户籍人口与常住人口变化图(单位:万人)
资料来源:根据《江苏省统计年鉴(2016)》绘制。

4.1.3　农民城镇化意愿

　　农民城镇化是农民主观意愿与城镇化带来的产业吸纳力共同作用的结果。从内在意愿上讲,农民有提升生活质量与改善生存环境的需求,而城市快速工业化带来的外在吸引,加快了农民城镇化的脚步,城镇化成为农民摆脱贫困,提升生活质量的主要途径。因此,评价农民城镇化意向,一方面需要对调查样本村庄的流入、流出动态进行梳理,同时需要对乡村人口迁移意向和期望子女未来理想生活地进行比较研究。

　　本节以 2015 年全国安居性调研数据为基础,选取数据库中的金寨县、庐江县、大丰市及仪征市的共 25 个村庄为典型案例,样本村庄分布在江淮地区西部大别山区、长江下游、东部大运河沿岸和沿海平原,包含江淮地区不同地理单元和经济发展水平的村庄类型,以评价江淮地区乡村人口城镇化意愿。

1) 乡村人口流动趋势

　　由于所处地理位置和经济发展水平不同,江淮地区乡村人口流动趋势呈现出不同的特征(图 4-10)。安徽省金寨县和庐江县乡村人口呈现较为明显的流出现象,而江苏省仪征市和大丰市乡村人口则呈现流入现象(图 4-11)。究其原因,江苏省村庄产业经济发达,村民收入较高,村内户籍人口就业充分,甚至还难以满足企业发展需求,因此外来人口进入村庄,人口流入现象较多;而安徽省村庄农业人口较多,劳务输出是安徽省社会经济发展的一个重要途径,乡村劳动力外出非农化转移,因此本村庄人口外出务工,人口流出现象较多。

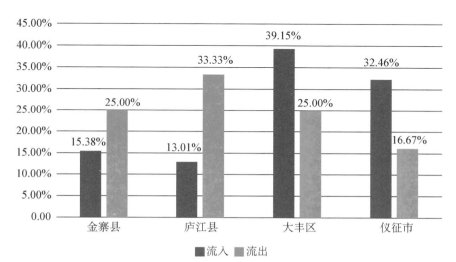

图 4-10　2014 年江淮地区各区县乡村人口流动状况
资料来源:2015 年全国安居性调研数据。

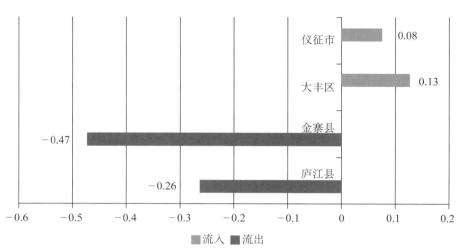

图 4-11　2014 年江淮地区各区县乡村人口流动系数
资料来源:2015 年全国安居性调研数据。

2）乡村人口迁移意向

城镇化是从传统的农业社会向现代都市社会转变、乡村人口转化为城镇人口的过程。未来城乡人口迁移及其趋势将取决于农民的真实愿望。由调查数据可知，乡村未来仍是最重要的居住空间之一，大多数村民仍愿意留在乡村生活，因此提高乡村人居环境质量和建设水平就显得尤为重要。

根据 2014 年住建部乡村人居环境调查数据分析，江淮地区乡村居民理想性居住地仍然以乡村为主，达 77.90％，而选择集镇、县城和城市的比重为 6.40％、9.49％、5.43％（图 4-12）。江淮地区期望理想居住地在乡村的居民表示，如果村庄居住环境得到改善，仍愿意留在乡村生活居住。

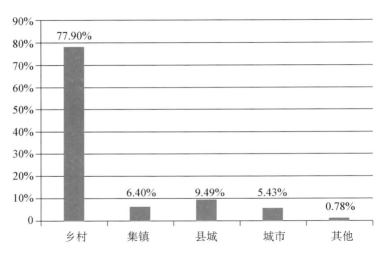

图 4-12　2014 年江淮地区村民理想居住地选择意向
资料来源：2015 年全国安居性调研数据。

调查发现，村民对城乡之间的迁移意愿存在明显的地区差异（图 4-13）。西部的金寨县和庐江县倾向迁移到县城或城市居住占比较大，而东部的大丰区和仪征市倾向迁移到集镇和县城占比较大。因此未来推进城镇化的空间载体和重点应有所区别，要因地制宜。

3）子女生活地意愿

根据 2014 年住建部乡村人居环境调查数据，江淮地区乡村 89.32％的村民希望子女未来生活在城镇，仅有 6.25％的村民希望子女留在乡村（图 4-14）。

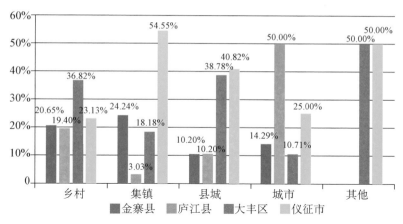

图 4-13　2014 年江淮地区各区县村民理想居住地
资料来源:2015 年全国安居性调研数据。

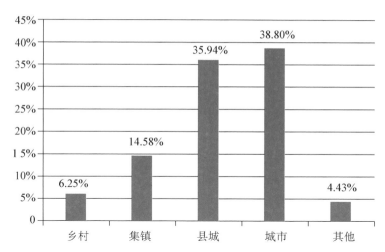

图 4-14　2014 年江淮地区村民子女生活地意愿
资料来源:2015 年全国安居性调研数据。

4.2　经济发展

4.2.1　产业结构

在城镇化和工业化的进程中,生产总值的结构不断变化,其产业结构也不断进行调整。近年来江淮地区生产总值呈现不断增加的趋势,由 2006 年的 8 582.23 亿元增长到 2015 年的 32 416.51 亿元,虽然江淮地区与周边区域对比(图 4-15),生产总值不是最高的,但近 10 年的增长速度是最快的,生产总值翻了近 3.8 倍。生产总值的大小与地区的经济发展直接挂钩,江淮地区生产总值占全国的比重也呈现出不断上升的趋势(图 4-16)。经济的发展必然带来产业结构的调整,而作为经济发展较为落后的乡村地区,其产业结构和产业空间面临着很大的挑战和调整,如何在保障农业健康发展的基础上,拉动乡村经济的同步提升,是现在面临的一个重大的问题。

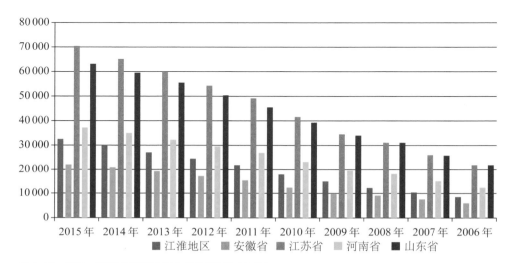

图 4-15　2006—2015 年江淮地区生产总值对比(亿元)
资料来源:2007—2016 年安徽省、江苏省、河南省、山东省统计年鉴。

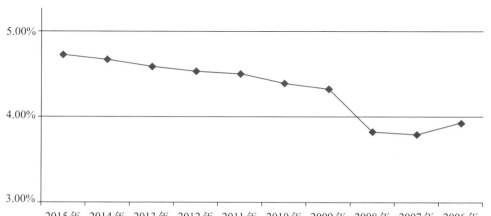

图 4-16　2006—2015 年江淮地区生产总值占全国的比重
资料来源:2007—2016 年安徽省、江苏省统计年鉴。

　　基于以上的数据对江淮地区的三产(第一产业、第二产业、第三产业)状况进行统计分析,可以得出江淮地区三次产业的贡献率分别为 8.52%、48.93%、42.55%(图 4-17),与同时期全国三产贡献率 4.6%、42.5%、52.9%相比,江淮地区作为全国重要的粮食产地之一,其第一产业比重较大,表明在江淮地区村庄存在第一产业,且大多为主导产业类型,为江淮地区居民提供充沛的粮食供给。

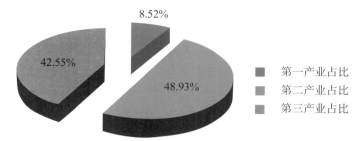

图 4-17　2015 年江淮地区三产贡献率
资料来源:2016 年安徽省、江苏省统计年鉴(注:南京市浦口区、六合区数据缺失)。

　　江淮地区流域内气候、水文条件优越,一直是重要的粮食产地之一,且其渔业和牧业发展占农林牧渔业的比重超过 40%(图 4-18),江淮地区第一产业发展情况良好。针对第二产业而言,一部分村庄已经将第二产业作为主导产业进行发展。第二产业的发展对于当地村庄的建设起到了关键作用;部分村庄主要以农家乐结合当地旅游资源的形式展开,但受村庄本身环境情况限制,第三产业发展程度普遍不高,急需进行正确的引导和扶持以帮助第三产业的成形和发展。

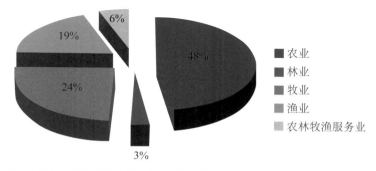

图 4-18　2015 年江淮地区农林牧渔业总产值构成
资料来源:2007—2016 年安徽省、江苏省统计年鉴。

　　近年来江淮地区一直在进行产业结构调整和优化,注重和培养第三产业的成形和发展。2015 年江淮地区第一产业实现增加值 75.65 亿元,增长 2.82％;第二产业实现增加值 552.09 亿元,增长 3.61％;第三产业实现增加值 1 696.06 亿元,增长 14.02％。结合近六年的数据(图 4-19)来看,第二产业的增速正在逐年下降,而第三产业的增速大致处于上升趋势,出现以第三产业为首的新的经济增长点,旅游服务也将逐渐成为经济发展的重要支撑点。

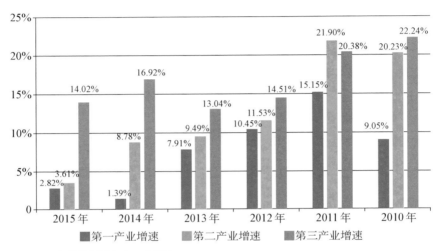

图 4-19　江淮地区近年来三产增速
资料来源:2011—2016 年安徽省、江苏省统计年鉴。

同时,江淮地区的三次产业占比不断变化,第一产业、第二产业的占比逐年下降,第三产业占比逐年上升。这同样能够看出,第三产业作为江淮地区新的产业发展方向,在新常态下,具有蓬勃的生命力(表 4-1)。江淮地区产业转型是顺应全国的趋势,立足目前经济形势,谋求经济长远发展的必然举措。

表 4-1　江淮地区近年来三产占比统计表

	第一产业占比(%)	第二产业占比(%)	第三产业占比(%)
2010 年	10.71	52.45	36.84
2011 年	10.22	53.02	36.76
2012 年	10.03	52.55	37.42
2013 年	9.78	51.99	38.23
2014 年	8.92	50.88	40.20
2015 年	8.52	48.93	42.55

4.2.2　产业空间

　　主导产业的不同是城市和乡村最主要的差别之一。各类种植业、养殖业与渔业生产是乡村居民生计的主要来源,而夏绿秋黄的季相风貌和潮涌船帆的生产场景更为乡村景观平添了如诗般的田园意境,因此也成为乡村空间特色的重要组成部分。

　　江淮地区自古以来就是雨量充沛、气候温润的稻作区域,以种植水稻为主的原始农业具有悠久的历史。近现代考古在肥东大陈墩遗址和淮安市韩庄村青莲岗文化遗址中,均发现了炭化稻谷凝块和籼稻粒、水稻田遗址,证实江淮地区是中国农耕文明的发源地之一,也是世界上最早培育水稻的地区。早在 6 000～7 300 年前,江淮地区的先民就已经在这片土地上过着男耕女织的生活。而遗址中放置的动物骨骼和水生动物残骸、骨刺鱼镖以及陶网坠,证明了渔猎和采集经济并没有因农业、牧业的发展而被排挤掉,它作为人们谋取生活的一种补充手段,这时仍继续着不同程度的发展。悠久的农耕文明绵延至今,并在历史的进程中集合了儒家文化以及各类宗教文化,形成了乡村独特的文化内容和风貌景观。

　　在中国漫长的农耕文明时代,农业生产始终是乡村生活的根本,农业生产空间则成为乡村最重要的产业空间类型。今天的乡村虽然已经发展成为多种经济形式并存的新型经济体,但乡村中以农业生产为主导产业的村庄仍居多数,即使在一些近郊的工业型村庄,很多农户仍然保留了少量的自留地。从春种到秋收,一年四季由稻麦种植所形成的农业景观和田园耕作季相,为江淮地区乡村增添了丰富的色彩和风貌。而较之于传统农业,今天的农业种植从形式到内容,均有了更丰富的内涵,也由此产生了更加多样的产业空间特色。

　　江淮地区作为独特的流域单元,因区域内地形地貌以及经济发展的差异性,其第一产业的贡献率也存在差异,分析第一产业贡献率的空间差异性,有助于了解江淮地区第一产业的发展状态,针对性提出县域乡村人居环境的提升策略。江淮地区第一产业贡献率呈现出明显的东西分异特征(图 4-20),江淮地区东部各县第一产业贡献率不足 15%,而西部地区仍以农业发展为主,各县第一产业贡献率普遍高于15％,有的县甚至超过30％,如定远县、五河县、寿县。第一产业贡献越多,侧面说明第二和第三产业贡献率越少,那么该区域的产业结构还需要进一步优化。

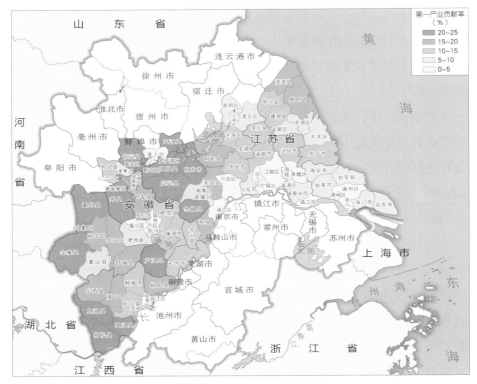

图4-20　2015年江淮地区各区、县第一产业贡献率
资料来源:《安徽省统计年鉴(2016)》《江苏省统计年鉴(2016)》。

4.2.3　特色农业

特色农业就是将区域内独特的农业资源开发成区域内特有的名优产品,转化为特色商品的现代农业,依据区域内整体资源优势及特点,突出地域特色,围绕市场需求,坚持以科技为先导,以乡村产业链为主,高效配置各种生产要素,以某一特定生产对象或生产目的为目标,形成规模适度、特色突出、效益良好和产品具有较强市场竞争力的非均衡农业生产体系。江淮地区作为一个特定的地理单元,具有一定的地域特色,而地区内各区域的资源优势(表4-2)与特点为进一步发展特色农业提供借鉴。

表 4-2　江淮地区各区域资源优势

粮食	棉花	油料	水果	猪	牛	羊	家禽	禽蛋	水产品
六安市辖区	望江县	肥东县	六安市辖区	定远县	怀远县	怀远县	肥西县	东台市	盐城市辖区
淮安市辖区	宿松县	南通市辖区	南通市辖区	霍邱县	五河县	寿县	盐城市辖区	海安县	启东市
盐城市辖区	无为市	海门市	盱眙县	淮安市辖区	明光市	霍邱县	长丰县	盐城市辖区	如东县
霍邱县	盐城市辖区	启东市	如东县	盐城市辖区	寿县	五河县	淮安市辖区	阜宁县	兴化市
兴化市	启东市	怀远县	庐江县	寿县	霍邱县	凤台县	六安市辖区	建湖县	射阳县
寿县	海门市	盐城市辖区	淮南市辖区	肥东县	凤阳县	凤阳县	东台市	滨海县	东台市
怀远县	枞阳县	望江县	肥西县	长丰县	定远县	淮南市辖区	寿县	射阳县	高邮市
定远县	射阳县	六安市辖区	合肥市辖区	六安市辖区	淮南市辖区	六安市辖区	肥东县	如皋市	宝应县
射阳县	太湖县	东台市	五河县	如皋市	凤台县	天长市	霍邱县	如东县	建湖县
东台市	六安市辖区	宿松县	扬州市辖区	如东县	无为市	滁州市辖区	舒城县	肥西县	滨海县
盱眙县	如东县	五河县	肥东县	阜宁县	蚌埠市辖区	定远县	太湖县	桐城市	寿县
扬州市辖区	含山县	肥西县	无为市	怀远县	宿松县	全椒县	全椒县	淮安市辖区	霍邱县

资料来源:《安徽省统计年鉴(2016)》《江苏省统计年鉴(2016)》。

　　江淮地区里下河平原凭借其优越的地理位置、温润的气候特征、相对平坦的地势及其水乡村落本底的滨水自然风貌与渔业生产形成的产业风貌相互映衬,塑造了独特的乡村产业空间风貌景观。如独具特色的油菜花"垛田"景观,成为著名的商品粮、油料和水产品基地之一。江淮分水岭雨量丰沛,丘陵起伏,岗冲交错,该区域不易于蓄水,雨水流失较多,传统农业在江淮分水岭上前景并不乐观,但是该区域的畜牧养殖规模较大,如猪、牛、羊、家禽等,年末产量较高,在未来的发展中可以打破县域边界发展特色的农业模式,与村庄旅游产业结合。沿江中下游地区,地势低洼,沿江圩田应运而生,也叫"围田",是古代中国劳动人民利用濒河滩地、湖泊淤地过程中发展起来的一种农田,是一种筑堤挡水护田的土地利用方式,堤上有涵闸,平时闭闸御水,旱时开闸放水入田,因而旱涝无虑,为棉花的生长提供了充足的水分和日照,成为棉花的高产区。

如今独特的乡村风貌和特色农产品已经成为乡村重要的旅游资源,吸引着大量休闲度假的游客。乡村旅游型村庄遍及大江南北,尤其是在大城市周边的近郊村庄、具有独特地理风貌和红色文化的皖西山区和独特水乡风貌的里下河水乡村庄与滨海渔村、农家乐等新的乡村产业形式方兴未艾,成为乡村居民增收的重要渠道,推动了乡村旅游的发展和兴盛。

因此,江淮地区乡村在发展过程中,应坚持走规模化、特色化、高效化之路,积极探索如何保护和传承即将消失的地方特色,维护乡村家庭手工作坊经营者的利益,发展绿色生态农业,增加绿色生态农业的休闲旅游、文化传承等服务功能,做强优势特色产业,提升农业竞争力,实施农业生态补偿政策,加强与周边经济交流,提高经济发展水平。

4.3　区域联系

4.3.1　外部交通

外部交通在一定程度上对江淮地域的经济发展具有很大的贡献,进而影响乡村人居环境的进一步提升。由表 4-3 可知,国道呈南北向贯穿江淮地区的整个区域,而省道、高速公路、铁路在区域内纵横交错。作为一个区域整体,江淮地区的对外交通通达性较强。其中,江淮西部在国家交通运输网络中,具有承东接西、连南接北、居中靠东、临江近海及处于长三角腹地等区位特征,凸显其重要地位和作用,形成了比较发达的水、陆、空立体交通网络,其中尤以铁路运输最为发达,居华东首位;江淮东部无论是铁路还是公路运输都十分发达,京沪铁路连接了所有的苏南地级市,其余宁通铁路和新长铁路等则分布在江北各大城市,每个城市都可乘坐铁路直达。

表 4-3　江淮地区对外交通

对外交通	名称
国道	G104、G105、G204、G205、G206、G312、G318、G328
高速公路	京台高速、徐明高速、安景高速、高界公路、沿江高速、六潜高速、庐铜高速、合宁高速、合巢芜高速、宁淮高速、合安高速、六武高速、蚌淮高速、合六叶高速、合蚌高速、蚌宁高速、合淮阜高速、周六高速、界阜蚌高速、滁马巢高速、济祁高速、明巢高速、合阜高速、京沪高速、沈海高速、盐靖高速、扬溧高速、宁宿徐高速、徐济高速、宁连高速
高速铁路	京沪高铁、合福高铁、合宁客运专线、合武客运专线、宁安客运专线、盐通高铁、徐宿淮盐铁路、连淮扬镇铁路
港口	合肥港、安庆港、滁州港、蚌埠港、淮南港、六安港、盐城港、南通港、南京港、淮安港、如皋港、泰州港、扬州港

4.3.2　内部交通

江淮地区的每个地级市之间几乎都有长途客车直达,邻近的城市之间还有县镇长途车。近几年,江淮地区的交通运输功能不断凸显,这不仅与江淮地区所处特殊的区位有关,也和城乡一体化的不断推进相关联;不断提高对外和对内交通,全面落实村村通政策,对乡村人居环境的影响甚大。

通过 GIS(地理信息系统)对江淮地区内部县级道路的密度分析发现,高集聚点表现在安徽省合肥市,江苏省南京市六合区、仪征市、泰州市、如皋市、海门市和启东市;次集聚点分布在安徽省六安市、淮南市、霍山县、庐江县、含山县、桐城市,江苏省南京市浦口区、高邮市、淮安市、南通市、海安县。

图 4-21 中江淮地区江苏省的县级道路网络密度高于安徽省,且由于城市等级和城市综合实力的不同,县级道路网络密度出现明显分层现象。安徽省内目前没有成片的县级道路网络,只有合肥市较为突出,而合肥市和六安市中间的肥西县靠近六安市段缺少衔接,暂未形成片区;江苏省已形成两个片区,一个由南京市部分辖区和仪征市组成,另一个由泰州市、如皋市、海门市、南通市和启东市组成,中间因扬州市较低的网络密度阻断了两个片区相连接,两个片区均靠近长江北岸。但总体来看,江淮地区的县级道路网络基本形成东西连接线,呈现“三点一轴”的发展趋势。

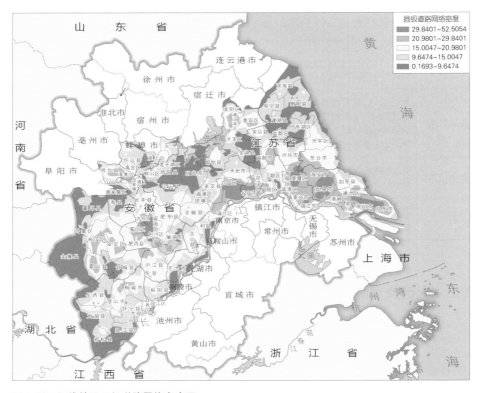

图4-21　江淮地区县级道路网络密度图

　　通过GIS对江淮地区内部省级道路的密度分析发现,高集聚点表现在安徽省合肥市,江苏省淮安市、泰兴市、南通市、海门市、如东县;次集聚点分布在安徽省淮南市、滁州市、蚌埠市,江苏省扬州市、靖江市、宝应县、阜宁县、建湖县、盐城市、兴化市、射阳县、滨海县、启东市。

　　图4-22中江苏省省级道路网络密度明显高于安徽省。江苏省省级道路分布均匀,且明显形成"两横一纵"三个片区:"两横"分别为扬州市、泰兴市、靖江市连接成的片区和南通市、海门市、如东县、启东市连接成的片区;"一纵"为阜宁县、建湖县、盐城市、兴化市连接成的片区。安徽省省级道路密度小且分布不均匀,西部密度明显低于东部,东部区域开始形成集聚点,但目前未连接成片。查阅安徽省普通国省干线公路布局规划(2016—2030年)发现,安徽省大别山区域和长江三角洲联通区域将成为安徽省省道布置重点,未来江淮地区将有望形成省级道路互通网络。

　　考虑到省级道路的通勤情况优于县级道路,将省级道路权重设为0.6,县级道

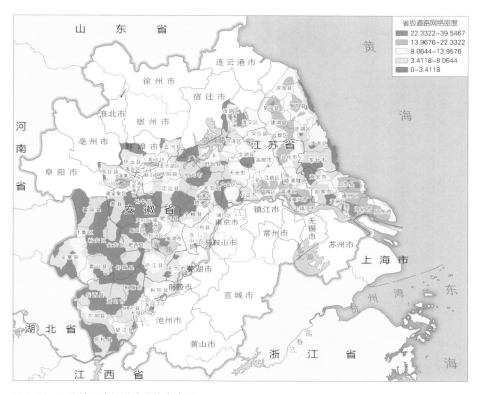

图 4-22　江淮地区省级道路网络密度图

路权重设为 0.4,将江淮地区县级道路和省级道路进行叠加分析,结果如图 4-23 所示,高集聚点表现在合肥市、淮南市、南京市六合区、扬州市、泰兴市、淮安市、靖江市、南通市、如东县、海门市、启东市。次集聚点分布在安徽省霍山县、庐江县、无为市、凤阳县、滁州市,江苏省南京市浦口区、盱眙县、高邮市、兴化市、建湖县、盐城市、阜宁县、射阳县、滨海县、如皋市。

　　江苏省总体交通网络条件较好,内部道路分布均匀,横向沿长江城市群的交通联系带已经形成,纵向阜宁县、建湖县、盐城市、兴化市、泰兴市交通联系带基本形成,此外还有西北处淮安市交通网络核心扩散。安徽省合肥市的交通优势明显,但未能与周围地区连接成片,次集聚点如淮南市、霍山县、庐江县、无为市均与合肥市有一定距离,未来考虑以次集聚点为发展核心,使地区之间联系更加密切。从江淮地区整体来看,西部交通网络密度明显低于东部,但长江沿岸城市交通网络已基本形成。

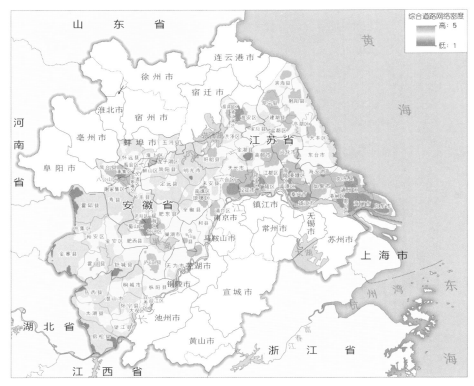

图 4-23　江淮地区综合道路网络密度图

4.4　地域文化

4.4.1　文化概况

　　与城市相比,乡村地区更多地保存和延续了中国传统文化。众多地方方言、民俗、手工艺品、传统节庆等文化元素都是通过乡村地区得到传承。江淮文化源远流长、独具特色,记载着江淮地区古代文明与传承至今的文化传统,是地区内生活、经济、民俗、习惯等文明的表现。它与周边地域环境相融合,因而打上了地域烙印,具有独特性。

1) 民俗节庆

　　农作物的生产与四季变更、天气的变化紧密相连,祈求每年风调雨顺便成为人们永恒的期望,因此便产生许多关于节气或丰收的节庆,并一直传承下来,渐渐地成为当地的一种习俗。江淮地区节庆习俗的种类多种多样,如祈祷平安的"祭灶神"、金秋时节庆祝丰收的"走太平盛会"、宗教信仰的"庙会"等。

　　江淮各个地区都有其特色的民俗节庆,各自又包含有生活民俗、礼仪民俗、行业民俗等(表4-4)。在里下河地区的村庄,船曾经是最具特色的交通工具。今天的水乡村庄,船作为主要的生活工具和交通媒介作用已经逐渐淡化了,但是,船这种重要的文化表征,仍存在于特殊的仪式和节庆活动中,并成为里下河地区文化传统的组成部分。其中最为著名的溱潼清明会船,已被列为国家级非物质文化遗产。

表4-4　江淮地区部分民俗节庆

地域	民俗节庆
合肥市	周氏仙姑庙会、小丰寺庙会、吴山庙会、浮顶山宝筏庙会
蚌埠市	清明庙会、涂山禹王庙会、赛龙舟、长淮卫庙会、摸秋
淮南市	茅仙洞庙会、赛龙舟、豆腐文化节、寿春楚文化节
滁州市	中国农民歌会、琅琊山庙会、走太平盛会、令狐山庙会
六安市	柏树庙会、邀大岭、桂花旅游文化节、瓜片茶文化节、昭庆寺庙会、孙岗镇庙会
马鞍山市(和县、含山县)	乌饭节、大年初五请财神、霸王三月三庙会、回族开斋节、绰庙三月三庙会
芜湖市(无为市)	送春、九十殿庙会、九连麒麟灯会
铜陵市(枞阳县)	白姜文化旅游节
安庆市	王圩灯会、许岭灯会、三合龙舟会、岳西灯会
南通市	南通侗子会、灯节、海安庙会、无锡庙会、红枫艺术节
淮安市	荷花艺术节、盱眙村民龙虾节、淮海戏、淮剧、安淮寺庙会
盐城市	贴秋膘、摸秋、祭灶神、开船习俗、爆谷卜年华、大纵湖庙会
扬州市	观音山香会、六月六晒伏、乞巧节、送灶、东岳庙会、都天庙会、宛虹桥都天会、缺口都天会、广储门都天会、宝塔湾都天会
泰州市	会船节、银杏节、菜花节、孤山庙会、郑板桥艺术节、黄桥烧饼节、梅兰宴、兴化蒋庄都天庙会、海陵唐甸庙会、兴化沙沟灯会
南京市(浦口区、六合区)	元宵灯会、清明踏青、中秋圆月摸秋、重阳登高会

近年来,一些村庄利用当地的富有地域特色的季相特征景观和特色农业,创新设立了各类节庆活动,如大为葡萄节、兴化油菜花节,成为提升地区知名度、促进经济发展的重要载体。不少地区也利用具有地域特色的物产和富裕的资源设立了各种各样的节庆活动,以彰显当地的文化底蕴,吸引外地游客,提高知名度,从而增加当地经济的收入来源,促进经济发展。至今流传下来江淮传统民俗不单是对先人文化的发扬,更是对民族凝聚力的一种加强,整个江淮地区民俗文化底蕴深厚,一直被当地人继承和发展。

2) 民间文艺

在悠长的历史岁月中,江淮地区衍生出了民间文艺(表4-5),主要是以戏曲和舞曲为主。其传统戏曲集合了多种不同艺术的精华,并在不断发展的过程中提升自身的品格。江淮戏曲融合了多种艺术元素,并提炼和升华成了一种新的艺术形式,深刻反映了当地的文化生态和风俗民情,风土特色浓郁。其唱腔清秀、细腻、深情、优美,特色浓郁,以泗州戏、端公腔、洪山戏、推剧等为代表。

表4-5 江淮地区部分民间文艺

地域	民间文艺
合肥市	河蚌舞、撮镇龙灯、水湖戏马舞、抛头狮、柴门大鼓、庐州道情、大圩许贵花船、长丰葛家唢呐、水湖花鼓灯、水湖闫氏锣鼓
蚌埠市	花鼓灯、泗州戏、卫调花鼓戏、五河民歌、临北狮子舞、打铁舞、旱船舞、花挑舞、钱杆舞、端公腔、余家皮影戏、柳琴戏、豫剧
淮南市	推剧、六洲棋、抬阁肘阁、花鼓灯歌舞剧、藤牌对马、采莲灯、马戏灯
滁州市	六镇高跷、南朝双龙、章广吹打乐、扬剧、庐剧、凤阳民歌、凤阳花鼓、秧歌灯、洪山戏
六安市	霍邱花鼓灯、霍邱龙灯、皖西推剧、寿州锣鼓
马鞍山市(含山县、和县)	农事谣、和县民歌、含弓戏、打莲湘、塔桥街"三圣傩舞"、白纻歌舞、含山狮子舞
芜湖市(无为市)	梨簧戏、目连戏、灯舞、帮腔花鼓戏
铜陵市(枞阳县)	枞阳民歌、枞阳大鼓书
安庆市	黄梅戏、桐城歌、岳西高腔、潜山弹腔、木偶戏、花梆舞、曲子戏、莲湘舞、宿松民歌、牛灯戏、五猖戏、岳西弹腔、望江山歌、徽剧

(续表)

地域	民间文艺
南通市	通州民歌、杖头木偶戏、钟馗戏蝠、如皋莲湘、陆家锣鼓、浒澪花鼓、海安罗汉龙、倒花篮、荷花盘子舞、童子戏、海门山歌、跳马伕
淮安市	跳判、洪泽湖渔鼓、泾口高跷、马灯舞、淮海戏、淮剧、香火戏、京剧、南闸民歌
盐城市	南派淮海戏、花担舞、跑旱马、盐城龙舞、五大宫曲、传统戏剧昆曲、传统戏剧淮剧
扬州市	傩舞、胥浦农歌、扬州民歌、杖头木偶戏、扬剧、肩担木偶戏、淮剧、丁伙龙舞
泰州市	泰州淮剧、兴化淮剧、杖头木偶戏、茅山号子、莲湘、龙舞、千户狮子舞、泰兴说唱
南京市(浦口区、六合区)	南京白话、南京评话、洪山戏

　　江淮地区的民间文艺丰富多彩,其舞曲也极具地方特色,是当地劳动人民在生活和劳动中自己创作、自己演唱的歌曲,并在流传过程中不断经受着人民群众集体的筛选、改造、加工和提炼。江淮地区流传至今的民歌舞曲集结了其在不同时期、不同地域、不同身份、不同经历的人民群众集体的智慧和情感体验。

3) 传统工艺特产

　　江淮地区工艺产品多由天然的材料制作,具有鲜明的民族风格和地方特色,并且技艺世代相传,具有百年以上历史及完整的工艺流程,记载了当地人民的智慧和历史(表4-6)。江淮地区的传统工艺门类众多,涵盖了生活的方方面面,大致可分为雕塑工艺、饮食工艺、工具制造工艺、建造工艺等。如雕刻工艺中的火笔画,火笔画是传统民间工艺美术之一,在江淮地区流传甚广。

表4-6　江淮地区部分特色工艺

地域	特色工艺
合肥市	羽毛扇、小良烙画、面塑、蛋雕、火笔画、剪纸、竹簧雕刻、发绣、巴氏砚刻、彭氏木雕、吴氏船模
蚌埠市	杨氏微雕、蚌埠玉雕、浅绛彩瓷画、葫芦雕刻、扎彩龙、剪纸、花鼓灯道具制作工艺
淮南市	花鼓灯、火老虎、谢郢锣鼓、马戏灯、采莲灯、紫金砚、剪纸、寿州窑

（续表）

地域	特色工艺
滁州市	儒林根雕、木杆秤、凤画、手狮灯、秧歌灯、丰收锣鼓
六安市	六安竹编、传统刻字技艺、六安蒿子粑粑制作技艺、六安漆艺、六安瓜片、霍山黄芽、舒席传统编制技艺、烙画、大别山盆景
马鞍山市（和县、含山县）	太平府铜壶、运酒传统酿造技艺、佳山石雕、剪纸、含山民间扎彩
芜湖市（无为市）	十兽灯、铁画、荷叶灯、大王冲佛香、无为剔墨纱灯
铜陵市（枞阳县）	竹马灯、钱铺木榨榨油
安庆市	铜雕、石雕、桑皮纸、铸胎掐丝珐琅、秋石、痘姆陶器、传拓技艺、大关水碗、桐城玉雕、鼓书、岳西木雕
南通市	南通板鹞风筝、南通色织土布、蓝印花布、铜香炉、南通扎染、如皋盆景、柞榛家具
淮安市	工鼓锣、洪泽湖渔具、阙氏膏药、传统结艺、车桥剪纸
盐城市	北龙港剪纸、盐城老虎鞋、射阳农民画、小海瓷刻、时堰木雕、草堰木刻
扬州市	扬州玉雕、扬州盆景、扬州木偶戏、雕版印刷、扬州毛笔、扬州木雕、扬州装裱技艺、扬州牙刻、扬派叠石、扬州刺绣、江都金银细工
泰州市	兴化水车、兴化糖塑、兴化面塑、里下河渔具、昌荣玩具、兴化竹雕、砖雕、高港根雕、姜堰雕版木刻、泰兴银杏木雕、泰州孙氏纸扎
南京市（浦口区、六合区）	南京云锦、金陵金箔、雕花天鹅绒、南京仿古牙雕、金陵折扇、南京木雕、南京剪纸、金陵竹刻、秦淮灯彩、金陵刻经印刷

4）传统饮食

"民以食为天"，人们的饮食水平，直接显示人们的生活状态，也体现当地文化的丰富程度，而江淮地区不缺美食（表4-7）。每一道江淮传统美食的背后都有着丰富多彩的故事，当品尝其美食的时候，了解其背后的故事，便是一场丰富人文思想的"盛宴"。

表4-7　江淮地区部分传统饮食

地域	传统饮食
合肥市	庐州烤鸭、炒槐花、炒香椿树头、灯笼果、青馍馍、辣糊汤、桂花烧饼
蚌埠市	沱湖螃蟹、蚌埠石榴、杜广兴板鸭、苗台大青豆、老任桥牛肉、怀远甲鱼、五河白玉贡米
淮南市	淮南豆腐宴、淮南牛肉汤、夏集面圆、上窑馓子、淮南糊辣汤、火烧冬笋、肥王鱼、八公山雪月银球

（续表）

地域	传统饮食
滁州市	滁菊、来安花红、元宵糖饼、池河梅白鱼、女山湖大闸蟹、明光绿豆、天长龙岗芡实、天长秦栏卤鹅、明绿御酒、管坝牛肉、琅琊酥糖
六安市	六安瓜片、金寨猕猴桃、金寨山核桃、临水酒、金寨板栗、霍山灵芝、将军菜、桃溪瓦罐汤、小吊米酒、万佛湖砂锅鱼头
马鞍山市（含山县、和县）	炸牛肉、乌江霸王酥、运漕早点、炸麻雀、姥桥花生酥、白桥糖藕、肥肠米线、烤方肉、三口塘老鹅汤、烂腌菜汁蒸豆腐
芜湖市（无为市）	煮干丝、虾籽面、无为板鸭、无为送灶粑粑、芥菜圆子、芜湖蟹汤包、芜湖刀鱼、海螺沙煲、芜湖臭干、芜湖老鸭汤泡锅巴
铜陵市（枞阳县）	铜陵茶干、铜陵野雀舌、枞阳黑猪、枞阳媒鸭、枞阳萝卜、项铺生腐、白荡湖大闸蟹、枞阳刀鱼
安庆市	汪丫鱼烧豆腐、丁香火腿、安庆臭豆腐、藕心菜、香辣田螺、侉饼油条、炆蛋、粉蒸肉、刀鱼、酒香蒸鲥鱼
南通市	天下第一鲜、黄焖狼山鸡、清蒸刀鱼、淡菜皱纹肉、提汤羊肉、通式三鲜、虾仁珊瑚
淮安市	淮安汤包、盖浇面、灌汤蒸饺、阳春面、牛羊肉汤、水晶包、鸡丝辣汤、洪泽小鱼锅贴
盐城市	盐城鸡蛋饼、东台鱼汤面、伍佑醉螺、秦南水牛肉、大纵湖醉蟹、阜宁大糕、建湖藕粉圆子、响水四鳃鲈鱼、伍佑糖麻花、大冈脆饼
扬州市	扬州炒饭、牛皮糖、馋神风鹅、黄珏老鹅、樊川小肚、韶关老鹅、扬州煮干丝、扬州酱菜、野菜包、糯米烧卖、蟹黄蒸饺、扬州狮子头
泰州市	梅兰宴、靖江长江三鲜、靖江肉脯、泰州干丝、梅兰春酒、泰兴白果、溱湖八鲜
南京市（浦口区、六合区）	金陵盐水鸭、牛肉锅贴、小笼包、南京干丝、如意回卤干、什锦豆腐涝、状元豆、糕团小点、鸭血粉丝汤

　　江淮菜的特色就是比较清淡，其总体风格是：清雅纯朴、原汁原味、酥嫩鲜香、浓淡适宜，并具有选料严谨、火工独到、讲究食补、注重本味、菜式多样、南北咸宜的共同特征，很好地体现了"以味为核心，以养为目的"的中国烹饪本质。除此之外，江淮地区菜肴形态美观、刀工精细，加上适当的色彩搭配，精雕细琢得如同工艺品。

5）神话传说

　　江淮地区的人们凭借自身的生活体验，通过想象和幻想，也曾创造出人格化的神的形象，并且按照他们的思考，创作出神话故事，以解释自然现象，征服和支配自然力,之后这些故事在当地人民的口头广泛流传(表4-8)。除了神话之外,江淮地区也发生过无数可歌可泣的历史故事,那些历代名人留下的人生痕迹,至今仍感动着人们。不管是神话还是史记,不管是虚构还是史实,一个个故事都体现着江淮地区人们朴素的价值观和对美好生活的向往——认识自然、征服自然、保障生活。

表4-8　江淮地区部分神话传说

地域	神话传说
合肥	大蜀山钥匙、三孝口、双井巷的故事、凤凰桥神话、螺蛳岗传说、迴龙桥的传说、逍遥津三国典故
蚌埠市	河蚌姑娘、杨二郎担山撵太阳、王母拨云划天河、莲花池传说
淮南市	大禹治水的传说、八公山《凤求凰》传说
滁州市	喳剌郎报恩、琅琊榆、盘古、李老君出世、张果老倒骑驴、卜家墩的传说、仙女落扇皇甫山、何仙姑的传说、三间石屋与四尊侍女石、双仙石传说
六安市	六安瓜片传说、六安名字传说(上古四圣之一皋陶)、长寿庵与霍山何氏的传说
马鞍山市(含山县、和县)	马鞍落地化山(马鞍山)
芜湖市(无为市)	观震湖的传说、三公山的壮美传说
铜陵市(枞阳县)	枞阳射蛟台传说、断尾龙祭母传说
安庆市	振风塔的传说、董永与七仙女的传说、王母娘娘游船、孔雀东南飞传说、胭脂井的传说、迎江寺传说、莲湖传说、天后宫传说、小南门传说
南通市	山秧子传说、大圣借狼山传说、支云塔五层传说、藏剑的山传说、军山神钟传说、乾隆皇帝游狼山传说、南通三塔传说
淮安市	大禹锁镇巫支祁的传说、钵池少年传说、玉阁义诊传说、盱眙梁母传说、悬壶济人传说、吕仙题诗传说、仙人杯渡传说、杏林春满传说
盐城市	神笔马良传说、神禹压蛟龙传说、瓜井仙踪传说、精卫填海传说、镜花缘枯枝牡丹传说、二十四孝之宗保救母传说、五题浆传说、后羿射日传说、嫦娥奔月传说
扬州市	杜十娘怒沉百宝箱传说、琼花的神话传说、扬州雷堂传说、隋炀帝看琼花的传说、扬州剪纸的传说、二十四桥传说
泰州市	水母娘娘的传说、神龙降子传说、泰兴孔庙大成殿传说、东城河的传说、抗排站的传说、招贤桥的传说、凤凰姑娘的传说、坡子街和望海楼传说
南京市(浦口区、六合区)	鬼脸城传说、百猫坊的传说、南京锁的传说、云锦的传说

4.4.2　文化系统

　　江淮地区的文化中心不断增多,从旧石器时期至春秋战国,江淮一直是中原文化、吴越文化、楚文化的交融地,直到近代还影响众多文化区,如:吴文化区、山越文化区、淮扬文化区、庐州巢文化区、安庆文化区、徐海文化区、马桥文化区等。

　　本土原生文化在不同文化的洗礼交融之下形成了具有江淮特色的地域文化,参照孟召宜(2008)、张飞(2007)对江苏省和安徽省的文化区域划分,主要立足自然本底、相同或相似的语言(方言)类型,适当兼顾民俗信仰等因素,分析文化格局,将江淮地区特色文化主要划分为江淮文化区、吴越文化区、皖北文化区以及江南文化区(图 4-24、图 4-25),针对江淮文化区中的皖西文化亚区、皖中文

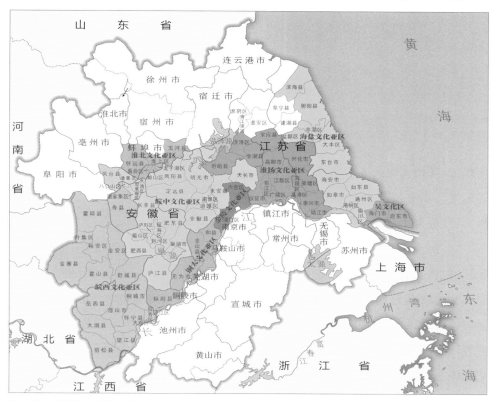

图 4-24　江淮地区文化区分布
资料来源:根据孟召宜(2008)、张飞(2007)改绘。

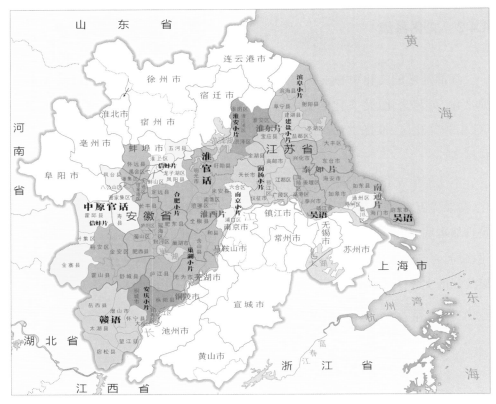

图 4-25　江淮地区方言分布
资料来源:根据孟召宜(2008)、张飞(2007)改绘。

化亚区、淮扬文化亚区、海盐文化亚区,皖北文化区的淮北文化亚区,江南文化区
的铜太文化亚区以及吴越文化区的吴文化区(南通的启东市和海门市)条分缕
析,结合各文化类型对江淮地区文化特色进行了总结。

　　"江淮文化"可以看成一个系统,其中有诸多子地域文化系统,如淮北文化
亚区、皖西文化亚区、皖中文化亚区、淮扬文化亚区、海盐文化亚区、吴文化区、
铜太文化亚区等(表4-9)。这些子系统可作为主体结构来构建江淮文化体系,
辐射周边地区,从而构成极具特色的江淮文化系统。在这个系统框架下,又随
着地域环境的异同而发展出各种学术思想、文艺作品、文化习俗等,丰富了整个
文化体系。

表 4-9　江淮地区自然与人文特色

江淮地域文化								
全国层次	皖北文化区	江淮文化区					江南文化区	吴越文化区
省域层次	淮北亚区	皖西文化亚区	皖中文化亚区	金陵文化亚区	淮扬文化亚区	海盐文化亚区	铜太文化亚区	吴文化区
地域范围	蚌埠的市区、怀远县和五河县	安庆市、六安市、淮南市的寿县	合肥市、滁州市市区、淮南市的凤台县	南京市的浦口区、六合区	淮安市、盐城市的建湖县、阜宁县、泰州市的市区、兴化市、泰兴市、扬州市	南通市（启东、海门市除外）、盐城的市区、滨海县、射阳县、东台市	马鞍山市南的含山县、和县、芜湖市的无为市、铜陵市的枞阳县	南通市的启东市、海门市、泰州市的靖江市
方言文化	蚌埠市辖区、五河县使用中原官话，怀远县使用江淮官话	六安市霍邱县、金寨县使用中原官话，其他县使用江淮官话；安庆市的市区和桐城市使用江淮官话，安庆市其他县使用赣语；淮南市的寿县使用中原官话		除淮南的凤台县、滁州的凤阳县使用中原官话，其他市辖区、县（县级市）使用江淮官话				吴语
自然景观	地势坦荡辽阔，暖温带半湿润季风气候，以旱作农业为主	丘陵湖泊交错，亚热带温润湿季风气候，农业景观过渡地带，以水作农业为主					地形以山地、丘陵为主，农业相对不发达，地处亚热带北缘，气候湿润	地势低平，平原为主，临近江海，亚热带湿润海洋季风气候，气候温暖湿润，四季分明

（续表）

全国层次	皖北文化区	江淮文化区				江南文化区		吴越文化区
省域层次	淮北亚区	皖西文化亚区	皖中文化亚区	淮扬文化亚区	海盐文化亚区	金陵文化亚区	徽太文化亚区	吴文化区
村落特征	地处平原,村落多集块状分布,住宅呈块状,住宅较规整	江淮之间多丘陵,水网交织,湖泊众多,村落规模一般较小,且多为列状村、散村,多结合地理环境条件件建设				民间宗法观念强,出现一些仿生村、象形村,村落多聚族而居,村庄规模大		地势平坦、水网密布、村庄形态呈现均质的特征、空间蔓延的特征、主要有三种布局形态、块长带状聚落、不规则团块状聚落、大规模连片聚落
饮食文化	属杂粮文化区,饮食习惯接近于豫、鲁菜系,口味较重	属米文化或稻文化区,饮食接近于徽州菜系,口味甜咸适中,主食以米饭、米粥为主,辅以面食,海盐文化亚区音食海产品					属徽州菜系,以烹制山珍野味为主,以重油、重色、重火功而著称	浓油赤酱,口味偏甜,饭稻羹鱼
戏剧或习俗	柳琴戏,豫剧,花鼓灯,泗洲戏	黄梅戏,庐剧,花鼓戏,木偶戏,京剧,淮剧,锡剧和越剧,昆曲,淮海戏					平台戏和门戏,黄梅戏,庐剧,梨园戏剧,含弓戏,婚事六礼	苏州园林、古镇、太湖、昆曲
民风信仰	民风彪悍豪爽,学术上以老庄道家学派为主	兼有淮北之刚、江南之柔,具有一种过渡性的民风,学术上以桐城学派为主					勤俭尚义、崇文重教、信仰朱理学	聪颖灵慧、商农并重、崇文教尚、信仰、崇教尚文、开放兼容
传统工艺	以文艺雕刻、剪纸为主、做工精美	涉及广泛,类别较多,其中雕塑工艺、工具制造工艺更加突出,具有丰富的创造性和艺木性					以工具制造工艺为主,以工具为日常生活用品,讲究实用性	多以木制工艺为主

注:表格来源:编著者根据孟召宜(2008)、张飞(2007)改绘。

4.5　小结

　　江淮地区乡村人口外流严重,乡村人口逐渐减少,"乡村病"问题逐渐凸显。乡村人口主要集中在里下河平原和沿淮平原,而大别山区、中部地区乡村人口密度相对较低。江淮地区常住人口总体增长的态势不明显。安徽省和江苏省均出现较为明显的人口流出、流入现象。未来在进行国土空间规划结构调整时重点要有所区别,因地制宜。江淮地区乡村产业已突破传统模式,开始呈现多元化、特色化的发展趋势,江淮地区的三种产业占比变化明显,第一产业、第二产业的占比逐年下降,第三产业占比逐年上升。从江淮地区整体交通体系结构来看,东部交通网络密度高于西部,但长江沿岸城市交通网络已基本形成。江淮文化差异大,成因多样,关系复杂,构成极具特色的江淮文化系统。

第 5 章　江淮乡村建成环境

乡村建成环境是乡村社会经济发展程度、阶段、内容的综合表达,反映出乡村地域人地关系复杂演化过程。江淮地域乡村发展阶段差距显著、地理环境差异明显、地域文化分异突出,在居住空间形态与环境质量、公共设施供给水平以及景观特征等方面呈现出鲜明的地域特征。

5.1　居住条件

5.1.1　村庄形态与居住密度

乡村,作为一种区别于城市的人居环境类型,有着鲜明的生态特色和独特的文化魅力。江淮地区乡村的共性特征在于千百年时代变迁中村庄的营建与自然山水环境的和谐共存。与村庄共生的自然山水环境是乡村空间的基底,村庄形态依附不同的自然环境而呈现出不同的分布形式,是乡村特色最重要的组成部分。点缀在平原海滨、掩映于青山绿水、坐落在湖荡河边的村庄,因其所依存的独特的山水环境呈现出丰富多元的乡村空间特色,体现了人与自然的和谐共生。

村庄形态凝聚了千百年来中国经济社会与传统文化的和谐发展特征,因此与城市住区高密度、大尺度的规则形态不同,村落多呈现"小集中、小尺度、大分散"的生长态势,多数以户(几户、十几户)为单位分散分布,并多与环境共存,绿树相间,依山傍水,自由舒展,村屋间小路相连,构成独特的乡村居住景观。村庄空间的规模、形态、格局和集中度,在体现乡村家族聚居偏好的同时,也受到地理环境、地质条件、坐落朝向和农业方式与劳作半径等的客观约束。因此,乡村多元的自然生态环境不仅决定了其农业生产方式,同时也对村落的空间形态产生了深刻的影响。通过节选卫星影像图片对江淮地区不同区域的村庄形态进行对比分析,可以将江淮地区村庄主要形态归为四种类型:山地散点型、丘陵平原适度集中型、平原集聚型及水路双棋盘布局型(表 5-1)。

表 5-1　江淮地区不同地域的村落主要形态归类示意

类型	空间肌理	遥感影像	实景照片	主要特征
山地散点型				点状分散,村庄规模小且数量多,相互距离最远
丘陵适度集中型				簇状分布,村庄规模中等,相互距离适中
平原集聚型				块状分布,村庄规模大且布局较规整,相互距离近
水网道路双棋盘型				条状分布,沿水系道路布局,村庄规模一般,距离较远

资料来源:作者绘制。

5.1.2　居住面积与居住质量

"人"是人居环境的核心要素,人居环境研究主要以满足人类居住需要为目的。吴良镛先生提出,人居环境是由自然系统、人类系统、居住系统、支撑系统和社会系统构成,其中,居住系统主要是指住宅、社区设施、城市中心。作为人类系统、社会系统等需要利用的居住物质环境及艺术特征的代表,住房不仅仅是一种实用商品,更重要的是它将是促进社会进步的一种强有力的物质工具(吴良镛,

2001)。

　　住房条件是构成乡村人居环境重要的物质基础,只有满足村民基本的住房需求之后,乡村人居环境的质量才能有所提高,通过总结分析 2015 年度安徽省和江苏省各区县乡村人均住房及人均新建房屋情况,分析如图 5-2、图 5-3 所示。虽然江淮地区乡村人均住房面积达到 40.4 平方米,高于全国乡村人均住房面积 37.1 平方米,但江淮地区乡村住房水平差距较大,发展不均衡。乡村人均住房面积较大的区域主要集中在南通市、安庆市、泰州市、滁州市,而六安市、蚌埠市及淮南市等乡村人均住房面积较小,总体呈现出西部区域和北部淮河中下游南岸平原少于中南部长江中下游北岸平原和东南部沿海区域的特征。2015 年江淮地区乡村人均新建房屋面积达到 0.72 平方米,其中平均水平以上的区、县分别为合肥市辖区、南通市辖区、蚌埠市辖区、泰州市辖区、六安市辖区、霍山县、全椒县、五河县、天长市、靖江市、含山县、太湖县、潜山市、望江县、金寨县、东台市、和县,主要分布在江淮地区的中西部和东南部。江淮地区中部、西南部和东南部地区乡村住房需求较大,新建房屋数量较多,呈现迅速增长趋势,基本处于乡村生活基础设施建设阶段,这也凸显出对这类地区乡村人居环境研究的重要性。

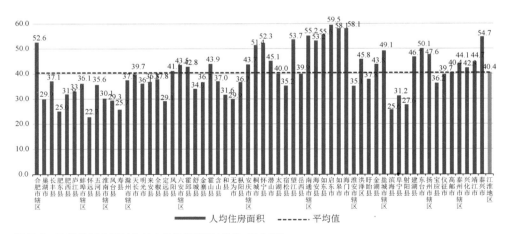

图 5-2　江淮地区各区县乡村人均住房情况(单位:平方米)
资料来源:《安徽省城乡建设统计公报(2016)》《江苏省城乡建设统计公报(2016)》。

　　除了住房面积,住房质量是衡量乡村人居环境质量的重要指标。江淮地区除了江苏及安徽部分先发乡村区域外,乡村危房存量还比较大,安徽 2016—2018 年 3 年总计完成危房改造近 30 万户。

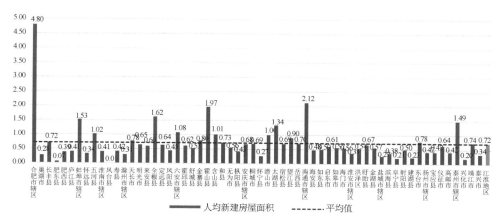

图 5-3 江淮地区各区县乡村人均新建房屋情况(单位:平方米)
资料来源:《安徽省城乡建设统计公报(2016)》《江苏省城乡建设统计公报(2016)》。

5.1.3 村庄空心化与住宅空置

村庄空心化是指在城乡转型发展进程中由乡村人口的非农化现象所引起"人走屋空",以及宅基地普遍"建新不拆旧"等不良现象,导致新建住宅不断向外围扩展、村庄用地规模扩大、原宅基地闲置废弃加剧的一种不利于村庄良性发展的演化过程(龙花楼,2013)。由于外出务工人口偏多及经济发展水平不高,江淮地区乡村的村庄空心与空置问题较为突出。近年来,外出务工者收入增加使得江淮乡村住房条件持续改善,住宅"建新不拆旧"现象愈发明显。当前江淮地域的村庄空心与空置的具体特征包含以下几个方面。

1) 受地域发展水平影响,村庄空心化与空置程度较高

江淮地区尤其是经济发展水平较低的村庄,乡村普遍存在青壮年劳动力大规模流出的现象,导致留居人口多为老人儿童,整体呈现出老龄化、贫困化趋势,主要消费人口及资金等要素不断流向城市,乡村经济发展和社会构成逐渐衰退与解体,从而造成基础设施和社会服务的空心化,村庄整体风貌受到极大破坏,空心与空置程度在山区村与传统农业村尤为严重。

2）村庄新旧空间分异明显，乡村社会问题频显

江淮地区很多村庄呈现新、旧村混杂的现象，也就是基本废弃的旧（老）片区与新建片区或交织或分开共存。其形式主要有两种：一种是新老片区截然分开，由于受交通环境等因素影响，老村基本废弃无人居住，住房基本废弃；另一种则是村庄中穿插着新建居民点。不论是哪种形式都不利于村庄建设用地的集约、节约利用。村庄空心化现象打破了乡村原先的那种村庄相对集中、同族聚居的居住空间格局，"四世同堂"、亲缘邻近、邻里和睦的关系逐步趋于弱化，这些固有模式的变化也影响到各种社会经济关系的重构。村庄空心化的无序状态使村民的集体意识逐渐淡化，宅基地建设审批中的不规范行为也影响到基层干部和群众的关系；同时邻里之间的农宅地基盲目攀比引发的民事纠纷对社会安全保障和乡村社会稳定带来了巨大的隐患危机。尽管乡村房屋大量扩建，但是农民居住环境并没有得到根本改善，村内破旧老屋成为乡村火灾的主要源头和卫生防疫的盲点区域，威胁着乡村人居环境安全和美丽乡村的建设发展。

5.2　公共服务设施

5.2.1　乡村公共服务设施简介

乡村公共服务设施是相对城市公共服务设施而言，指以满足乡村社会的公共需要为主要目的，为乡村社会公众提供范围较广泛的、非营利的公共产品劳务和服务行业的总称（李立清，2005）。一个地区乡村经济发展及城乡融合发展水平与该区域公共服务设施水平的高低有着密不可分的联系，而社会主义新农村建设水平的高低主要体现在乡村公共服务设施的水平上，因此加强乡村地区的公共服务设施建设，有利于促进传统农业向现代农业发展转型，建立健全乡村产业链，从而达到优化乡村人居环境的目标（孙继军，2011）。将全国与江淮地区乡村公共服务设施建设概况以及乡村居民对公共服务设施的需求情况进行比较分析，从供给与需求两端全面了解江淮地区乡村公共服务设施配置状态与需求优化方向。

5.2.2　供给水平

1）公共服务设施建设江淮地区与全国同步

　　近年来乡村的公共服务设施建设总体发展呈现加速趋势，一方面是在快速城镇化背景下，城市反哺乡村能力不断提升，推进了乡村公共服务设施的持续改善；另一方面是由于乡村居民对美好生活需求的日益升级，更加关注生活质量的提升，从温饱走向更高的精神文化需求，具体表现在娱乐活动设施和公共活动空间的营建越发受到村民关注，相关设施覆盖率达到70％以上。从分析数据来看，老年活动设施和乡村公交建设供给较为薄弱（图 5-4）。从全国与江淮地区相关数据比较来看，江淮地区公共服务设施发展（图 5-5）基本与全国同步，充分说明公共服务设施是这些年全国乡村建设的重点方向，乡村的公共设施硬件水平得到较大提升，实现从无到有的质的飞跃。不过作者在乡村调研中发现，很多乡村的文化活动设施并没有得到有效利用，一些村庄设施近乎空置，乡村人口的持续外流应该是产生这一现象的主因。未来应充分结合乡村人口与产业规划布局，从区域层面合理配置相关设施。

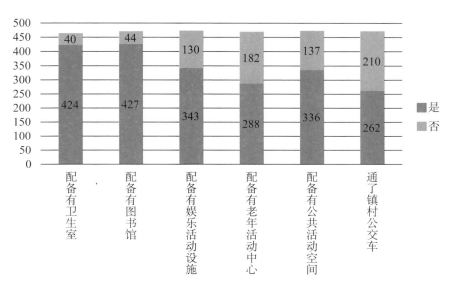

图 5-4　江淮地区村庄调研中村庄公共设施供给特征
资料来源：根据 2015 年安徽省、江苏省人居环境调查数据整理绘制。

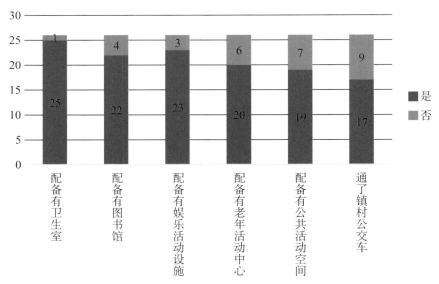

图 5-5 江淮地区村庄公共设施供给特征
资料来源:根据 2015 年安徽省、江苏省人居环境调查数据整理绘制。

2) 村庄居民人均公共建筑面积偏低,发展不足

依据安徽省和江苏省 2016 年度城乡建设统计年报数据分析显示,江淮地区整体人均公共建筑面积偏低,约为 1.44 平方米,而区内人均公共服务设施面积差异较大,其中人均公共服务设施面积最大的为 6.34 平方米,最小为 0.21 平方米,两地相差 6.13 平方米,约 30 倍。有 2/3 的区县人均建筑面积低于平均水平,而人均公共建筑面积较大的地区主要集中分布于江淮地区的东部沿海平原的北部区域及西部大别山麓的南部区域,主要包含有:靖江市、滁州市辖区、建湖县、高邮市、霍山县、潜山市、泰州市辖区、枞阳县、洪泽区、东台市、桐城市(图 5-6)。

5.2.3 需求特征

江淮地区村庄公共服务设施需求调研显示,村庄的文化娱乐设施和体育设施及场地需求最高,养老服务、公园绿化、商业零售、幼儿园需求次之,小学、卫生室和餐饮设施需求较低(图 5-7—图 5-8)。需求特征充分反映了乡村生活水平日益增高所带来的村民日常生活需求层级的提升。

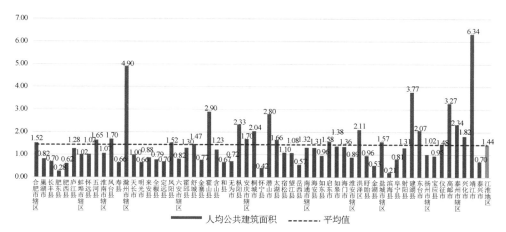

图 5-6　江淮地区各区县乡村公共建筑情况(单位:平方米)
资料来源:《安徽省城乡建设统计公报(2016)》《江苏省城乡建设统计公报(2016)》。

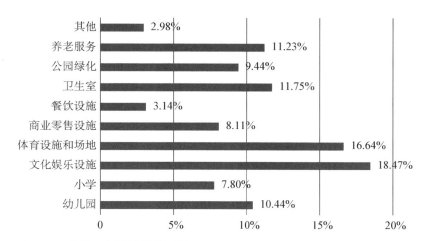

图 5-7　江淮地区公共服务设施需求概况
资料来源:根据 2015 年安徽省、江苏省人居环境调查数据整理绘制。

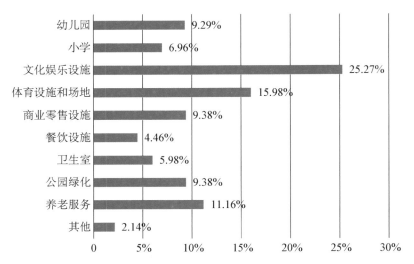

图 5-8　江淮地区调研村庄公共服务设施需求概况
资料来源：根据 2015 年安徽省、江苏省人居环境调查数据整理绘制。

5.3　基础设施

5.3.1　设施类型

　　乡村基础设施主要包含道路、供水、污水、公厕及垃圾收集等主要设施，江淮地区乡村由于自身所处的发展阶段特点，当前主要基础设施供给是以改厕（旱厕改水冲式）、生活垃圾、生活污水治理为主，这三大设施是影响当前江淮地区乡村人居环境品质的主要因素。

5.3.2　供给水平

　　江淮地区乡村人均道路面积为 21.1 平方米，村内道路硬化率平均水平达 33％，供水普及率达 71.44％（图 5-9—图 5-10）。地区道路建设及硬化呈现出东部优于西部的分异特征，人均道路面积及道路硬化率综合较好的区域主要集中在南通、扬州、合肥、六安等市，但仍有 60％的区县低于平均水平。从统计数据来看，江淮地区道路硬化率较低，亟须进一步加强乡村道路建设，为乡村居民提供便捷的内外出行环境。从实地调研来看,一些村庄过去建设的乡村道路仅考虑满足摩托车等小(微)型机动出行,难以适应乡村日益增加的小汽车交通需求,乡村道路建设标准需要结合实际发展需求进行优化调整。

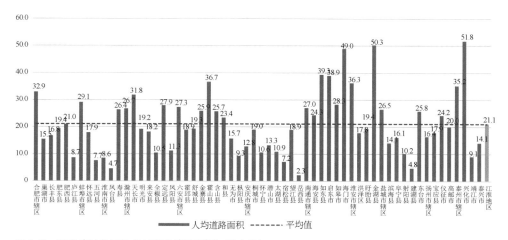

图 5-9　江淮地区各区县乡村道路情况(单位:平方米)
资料来源:《安徽省城乡建设统计公报(2016)》《江苏省城乡建设统计公报(2016)》。

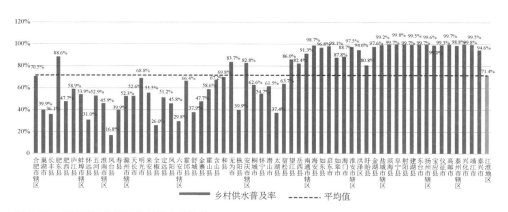

图 5-10　江淮地区各区县乡村供水普及率
资料来源:《安徽省城乡建设统计公报(2016)》《江苏省城乡建设统计公报(2016)》。

江淮地区给水供给水平总体表现为出东部区域优于西部区域。其中,江淮地区东部沿海平原供水普及率高达 96.87%,基本实现村村供水;西部大别山麓、中南部长江中下游北岸平原和巢湖盆地、北部淮河中下游南岸平原供水普及率为 54.49%;江淮地区的北部淮河中下游南岸平原和合肥部分地区供水普及率低于 50%,该区域亟须加强对供水设施的建设。

5.3.3　环境治理

乡村环境卫生的好坏直接关系到乡村人居环境质量水平的高低。从相关统计数据分析发现(图 5-11),江淮地区开展生活垃圾处理的行政村比例平均水平达到 74.54%,整体上生活垃圾的处理率较高。其中超过 85% 的区县生活垃圾处理设施建设超过 50%,盐城、扬州、泰州基本达到全覆盖,只有 15% 的区县低于 50%,主要位于江淮地区的西部,包含:望江县、凤台县、全椒县、和县、六安市辖区、寿县、舒城县、岳西县、无为市、肥东县、霍邱县。而开展生活污水处理的行政村比例平均水平仅为 19.12%,生活污水的处理率偏低,其中建设较好的地区集中分布于东部沿海,包含合肥市辖区、阜宁县、盐城市辖区、射阳县、泰州市辖区、仪征市、海门市等地。江淮地区各区县生活垃圾和生活污水处理率呈现东高西低的特征。近年来,江淮地区特别是安徽省自 2018 年来开展了农村人居环境整治三年行动计划,乡村地区的生活污水、生活垃圾得到有效治理,设施供给水平得到显著提升。

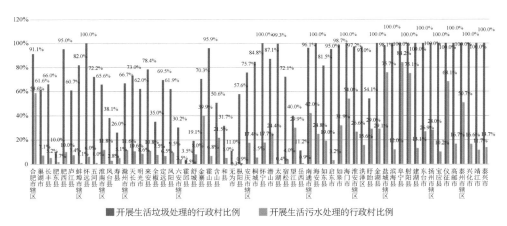

图 5-11　江淮地区各区县乡村污水和生活垃圾处理率
资料来源:《安徽省城乡建设统计公报(2016)》《江苏省城乡建设统计公报(2016)》。

作为全国重要的粮食产区之一的江淮地区,由于农药化肥等化学药剂的大量使用,乡村复合污染(污染类型多样和污染来源多层面)和乡村生态资源退化,图 5-12 反映了江淮地区各区县化肥施用量以及单位耕地面积化肥施用量情况。2015 年江淮地区化肥施用总量为 307.79 万吨,单位耕地面积化肥施用量达到

0.687 吨/公顷,而同时期全国化肥施用量为 6 022.6 万吨,单位耕地面积化肥施用量仅为 0.045 吨/公顷,对比可知,江淮地区单位耕地面积化肥施用量远高于全国平均水平。从空间分布看,化肥施用量较高的区域主要集中在淮南、蚌埠、扬州、淮安和盐城,沿淮中下游区域,六安、安庆、南通等地化肥施用量相对较低,沿淮区域面临化肥农药过度使用带来的二次污染。

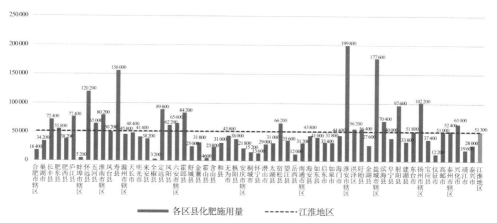

图 5-12　江淮地区各区县乡村化肥施用情况(吨)
资料来源:《2016 年安徽省统计年鉴》《2016 年江苏省统计年鉴》。

5.4　景观特征

　　乡村景观风貌主要由村庄聚落景观、农业生产景观及自然生态景观构成,村庄聚落景观展现乡土文化特色,农业生产景观体现经济水平与生产方式,三个层次景观的整体性结构反映人与自然的关系,是乡村的社会、经济、文化、习俗、精神、审美取向的综合呈现(张立,2019;鲍梓婷,2014;刘滨谊,2002)。由于人的作用强度最高,可干预性最强,本章节乡村景观研究聚焦于村庄聚落景观和农业生产景观。近年来,一方面在快速城市化影响下,江淮地区乡村景观出现了整体风貌趋同(千村一面)的趋势;另一方面由于地区自然和人文禀赋的不同,经济发展阶段的差异,乡村景观又呈现出典型差异性。

　　为了更好地分析江淮地区乡村景观风貌特征,综合国内学者对乡村景观特征相关研究的成果与地区发展实际,将研究地域景观特征概括为宏观和微观两

个维度,宏观维度主要分析总结江淮地区乡村景观总体发展特征,微观维度主要
从村庄聚落内部视角总结提炼乡村景观的特征要素。

5.4.1 景观总体特征

在快速城镇化和资本下乡等因素影响下,江淮地区乡村景观发生了显著的变
化,主要表现为乡土性景观的衰退、景观同质性的增加(通俗的理解就是千村一面)
以及地域文化传承的弱化,给乡村的原生风貌带来了严重的破坏(图5-13)。影响
主要表现在四个方面:一是城市化公园绿地广场、硬质化铺装等大量引入到村庄,
与传统乡村风貌格格不入,极大削弱了村庄原生自然景观风貌特色。二是外来式、
大尺度及复制化的建筑大量替代原生建筑,多数村庄建筑风貌特色尽失。"快餐
式"的建造、建筑材料原生性消失、传统建筑建造技艺的逝去、传统文化丧失、务工
外出模仿等共同导致了建筑风貌的消失。三是村庄道路、水系河沟的过度硬化(水
泥化)极大影响了村庄原生风貌。村庄道路与城市道路在功能、交通量等方面存在
巨大差异,过度硬化(水泥化)取直的道路形式与材质使得原本生活化、趣味性的村
庄道路变得城市化。四是江淮地区乡村水系众多且兼具灌溉、调蓄及景观等功能,
但由于水利工程的实施变得毫无生态性、景观性和趣味性。

图5-13　同质化严重的乡村建筑(地域文化难以体现)

5.4.2 景观特征要素

从微观视角将江淮地区乡村景观要素划分为村庄聚落肌理(村庄格局、道路

网等)、地域建筑(建筑风格、色彩、体量、材质等)、绿化水系、特质空间(村口、公共空间、文化空间等)、农田水利(农田、鱼塘、果园和山林)等。

1)村庄聚落肌理

村庄聚落肌理的外在表现形式就是形态与结构。村庄聚落肌理主要受自然环境要素影响。例如江淮地区的一些山区乡村聚落小而精致,掩映在山林之中。由于自然条件的限制,村落道路依山就势,曲径通幽,别有一番山野情趣。丘陵地区聚落规模较之山区要大,村落布局也是错落有致,核心特点为水塘与建筑群落相互嵌套,相映成趣。长江中下游北岸平原和淮河中下游南岸平原等平原区域由于地域平坦,村庄聚落规模最大,同时由于这些地域水网发达,村庄聚落肌理呈现路网与水网交错、布局规则有序的景观形态。

2)地域建筑

江淮地区属于南北过渡地带,兼收并蓄南方的灵秀与北方的豪爽。因此它的文化、建筑风格具有兼顾南北的特征(龚京美,2007)。江淮地区建筑风格自成一体,特征明显,院落式建筑杂糅了北方的四合院布局与徽派建筑,以及江浙建筑独立院落的部分元素。家族的传承在皖中村落的发展中起到重要的作用,比如皖中地区的院落式住宅往往是大户人家的宅院,体现出家族制的内涵。由于皖中地区地势较为平坦,平面布局较为规整,设置局部小空间,以满足家族聚居的居住要求,中心轴线串联了祠堂等重要空间,一般居住及配套用房较为对称地分布两边,室内分割自由灵活。以祠堂为中心的家族聚居空间组织模式特点鲜明,充分反映了家庭结构、家族关系和家族生活(图 5-14)。

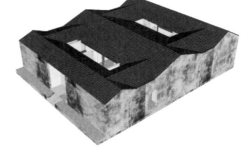

图 5-14　皖中地区江淮院落式民居模型示意

3）绿化水系

江淮地区水系众多，水网发达。水系除了生产和生活功能外，更是江淮地区乡村景观特色表达的主要构成要素，长期以来该地区村落逐渐形成"依水而居""环水而居"特征风貌。水系重要节点成为村落重要公共空间的发源地。水系可以说是江淮地区乡村的灵魂。近年来，由于国家对乡村水利工程的大量投入，江淮地区大部分乡村水系得到有效治理，但少数村庄仍存在水系河沟不区分功能的粗暴式施工和过度硬化等现象，极大地影响了村庄原生风貌和生态环境。

4）特质空间

特质空间主要包括村落出入口、村民公共活动中心和文化活动空间等。特质空间集中反映了村落的精神和物质发展程度，也是村落景观独特性呈现的核心要素。一些历史悠久的村落村口标志性景观就是参天大树，通常是村落地标性的存在，更是村民思乡之源。近年来，在美丽乡村（安徽区域）建设中，村口景观通常是美丽乡村建设参与主体共同关心的重要空间。不过，由于项目制模式的快速推进，很多村口的景观趋同，而独特性和标志性已不复存在。与村口景观侧重于引导性不同，村民公共活动中心是村民日常活动使用频率最高的空间。江淮地区村民公共活动中心主要由建筑与外部活动空间组成。江淮村落的外部活动空间一般与水塘、小山体等自然要素相关联，共同构成人文与自然相融合的活动空间。一些村落（中心村）在建设村民公共活动中心时，融入村规民约宣传教育、"红白喜事"集中举办等，有助于丰富村民精神文化生活，从而进一步提升乡村治理水平（图5-15）。

5）农田水利

农田水利是综合反映乡村发展阶段演变和生产方式演化的重要设施。江淮地区乡村由于大部分属于传统农业种植区域，呈现出成片的农田景观。近年来，随着城镇化进程加速，少数乡村（丘陵和山区）农田出现"撂荒"等景象，对乡村可持续发展影响较大。随着乡村多功能性的发展，一些资源禀赋较好、地理位置优越和经济发展水平较高的村落不断发展旅游经济，促使村落的农田由传统农作物生产向现代观赏与采摘等经济作物种植模式转向，具有旅游功能的一些村落

(a) 滁州市北张胡村健身广场　　(b) 六安市河西村健身广场　　(c) 仪征市尹山村健身广场

(d) 滁州市高埂村景观桥　　(e) 仪征市百寿村景观亭　　(f) 淮南市宋王村休息长廊

图 5-15　江淮地区公共空间景观

农田景观呈现出多样性特征。由于江淮地区水系发达,水利设施是该地区乡村常见设施。近年来由于国家乡村水利资金大量投入,一些原本生态化的水利设施驳岸逐渐被硬化,虽然在功能上得到加强,但是对乡村水系景观乃至乡村生态环境都造成极大破坏。

5.4.3　乡村景观评价

乡村的主体是村民,村民对乡村的地方性感知与评价是乡村建设与环境营造的核心驱动力。随着乡村人居环境的不断提升,村民对于现有的村容村貌和卫生环境的关注度显著提高,且对未来乡村景观风貌的改善充满期待。作者在江淮地区典型村庄人居环境相关调研中发现,超过 80% 的村民对村容村貌和环境卫生现状表示满意,近 20% 的村民对环境风貌现状表示不满意。通过对选取的江淮地区四个县级案例地调研发现,不同区县对村容村貌和卫生环境的满意度差异较大,皖西大别山区金寨县村民的满意度最高,而安徽省庐江县村民的满意度相对较低(图 5-16)。

村庄绿化是村庄景观风貌的构成要素之一,村庄树木是村民的经济来源之一。江淮地区村庄树木种植情况较好(图 5-17),84.87% 的村庄树木覆盖率较高,仅有 1.26% 的村庄较少见到树木绿化。

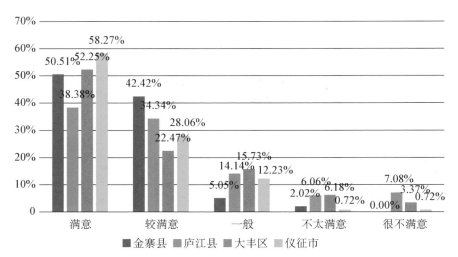

图 5-16 2015 年江淮地区各区县村民对村容村貌和卫生环境满意情况
资料来源：根据 2015 年安徽省、江苏省人居环境调查数据整理绘制。

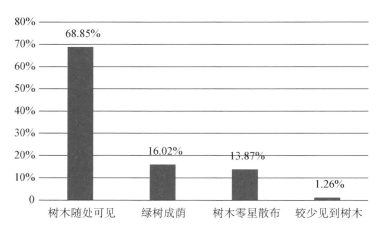

图 5-17 江淮地区乡村树木种植情况
资料来源：根据 2015 年安徽省、江苏省人居环境调查数据整理绘制。

　　从地域上看，与安徽省相比较，江苏省各地级市的村庄树木随处可见的情况
更多（图 5-18）。说明江苏省的乡村景观风貌中，树木覆盖率较高。

　　工业化、城镇化和现代化的快速推进，给江淮地区乡村景观造成了巨大的冲
击，乡村景观风貌发生剧烈重塑，可以预见，随着乡村现代化步伐的加快和城乡
发展一体化的深入推进，乡村景观风貌必将以突出乡村性为核心，充分体现城乡
风貌差异性特征，塑造特色化的地方性景观。江淮地区乡村景观风貌总体保持

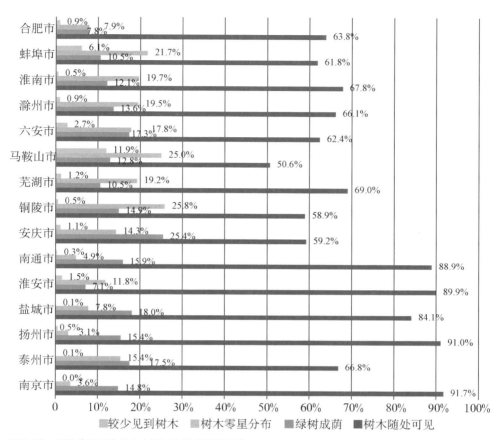

图 5-18　江淮地区各地级市乡村树木种植情况比较
资料来源:根据 2015 年安徽省、江苏省人居环境调查数据整理绘制(不含合肥市辖区数据)。

着较为优越的生态基底,乡村地区的山水环境不仅构成了与城市迥异,充满地域
特色、丰富多元的自然景观和田园景象,更因其在水源保护与涵养、气候与大气
环境改善、生物多样性保护等方面的重要生态价值成为整个人居环境系统的重
要支撑。大别山区、江淮丘陵、江淮圩畈以及苏中平原为代表的不同地理格局的
村庄,景观风貌多元,各具特色,这也是江淮地区较为鲜明的特色和令人向往的
魅力,这些景观风貌构成了江淮地区村庄发展过程中独一无二的资源。在城乡
发展一体化的进程中,应着力加强村庄环境整治,保护江淮地区乡村多元的生态
环境和与之相依相存的村庄景观风貌,并构建长效管理与维护机制,着力提升乡
村景观风貌的价值,营造富有田园风貌和乡村风情的宜人的乡村景观风貌,推动
乡村人居环境的持续改善和发展。

5.5 小结

本章从居住条件、公共服务设施、基础设施以及景观风貌等方面对江淮地区乡村建成环境特征与问题进行了深入分析。江淮地区乡村建成环境主要受经济发展水平、地域文化以及自然环境的影响，总体环境较好，区域差异性较大。乡村物质空间环境提升较快，社会文化、村庄吸引力等软环境有待加强。随着近年来各级政府对乡村建设发展的持续投入，乡村公共服务与基础设施配置质量与水平持续提升，特别是乡村道路、污水以及公厕等乡村环境卫生得到根本性改善。当前发展的短板还是服务质量的提升，也就是乡村公共服务的保障，不仅需要提供空间场所，更需要人才队伍建设。江淮地区乡村景观是当前乡村人居环境整治的重点，只有充分挖掘地域文化与地域建筑特征，在村庄公共空间、地域建筑以及景观环境等特色空间上精细谋划，才能打造符合地域气质的特色乡村。

第 6 章　江淮乡村人居环境质量与满意度评价

　　乡村人居环境是自然环境、社会环境和建成环境的有机综合体，是一个复杂的多层次、多要素复合系统。人居环境质量反映了人居环境建设水平，满意度体现了村民对人居环境的主观感受，从空间与人的主观感受两个维度综合分析江淮地区乡村人居环境发展水平，能更好地研判江淮地区乡村人居环境发展阶段，揭示江淮地区乡村人居环境的影响因素，旨在为推动江淮地区乡村人居环境可持续发展提供参考。

6.1　人居环境质量评价

6.1.1　评价目的

　　乡村人居环境指乡村居民在集聚中所涉及到的与生活、居住和基本生产活动相关的生存环境，是由社会文化环境、地域空间环境和自然生态环境等共同组成的物质和非物质的有机结合体。乡村人居环境质量评价可揭示江淮地区乡村人居环境发展过程中面临的问题，探讨影响因素，为政府更加有针对性地改善乡村人居环境提供一定参考和借鉴。

6.1.2　评价指标与方法

1）评价指标

　　借鉴城市人居环境评价的经验、农村人居环境质量评价指标研究的成果，参考 2015 年住房和城乡建设部的全国农村人居环境调查问卷指标，以县域为研究单元，从居住质量、经济发展、基础设施与公共服务、生态环境 4 个系统出发，选取可比性强、具有地域特色的指标，最终得到 4 个系统层、20 个评价指标的江淮地区乡村人居环境评价指标体系(表6-1)。

表6-1 江淮地区乡村人居环境评价指标体系

目标层A	系统层B	指标层C	单位
江淮地区农村人居环境质量评价	居住质量(B1)	人均住宅建筑面积(C1)	平方米/人
		人均新建房屋面积(C2)	平方米/人
		混合结构以上住宅建筑比重(C3)	%
		编制村庄规划的行政村比重(C4)	%
		开展村庄整治的行政村比重(C5)	%
	经济发展(B2)	乡村居民人均可支配收入(C6)	元/人
		人均农林牧渔业总产值(C7)	万元/人
		乡村从业人员比重(C8)	%
		单位耕地面积粮食产量(C9)	吨/公顷
		人均社会消费品零售总额(C10)	万元/人
	基础设施与公共服务(B3)	人均道路用地面积(C11)	平方米/人
		村内硬化道路所占比重(C12)	%
		供水普及率(C13)	%
		对生活污水处理的行政村比重(C14)	%
		有生活垃圾收集点的行政村比重(C15)	%
		燃气普及率(C16)	%
		人均公共建筑面积(C17)	平方米/人
	生态环境(B4)	生活垃圾无害化处理率(C18)	%
		乡村园林绿化建设占市政公用设施建设比重(C19)	%
		单位耕地面积化肥施用量(C20)	吨/公顷

具体指标及含义如下:

① 人均住宅建筑面积,是指根据乡村住户居住情况统计的家庭人口平均的居住面积,是反映乡村居民居住条件的重要指标。

② 人均新建房屋面积,是指全年从无到有"平地起家"的新建房屋面积。新建房屋仅包括年内建成的新建房屋,未完工的在建房屋不统计在内。

③ 混合结构以上住宅建筑比重,是指房屋的梁、柱、承重墙等主要部分是用钢筋混凝土建造的房屋面积与住房面积的比值,反映乡村住房建设能力。

④ 编制村庄规划的行政村比重,是指已编制村庄规划的行政村占总行政村

的比重,反映乡村居住可持续发展的潜力。

⑤ 开展村庄整治的行政村比重,是指已开展村庄整治的行政村占总行政村的比重,反映乡村居民居住质量。

⑥ 乡村居民人均可支配收入,是指乡村居民总收入－家庭经营费用支出－税费支出－生产性固定资产折旧－财产性支出－转移性支出的总和与家庭常住人口的比值。一般来说,人均可支配收入与生活水平成正比,即人均可支配收入越高,生活水平则越高。

⑦ 人均农林牧渔业总产值,是指乡村人口创造的人均农林牧渔业产值。其中农林牧渔业包含农业、林业、牧业、渔业、农林牧渔服务业。

⑧ 乡村从业人员比重,指乡村居民从业人员占乡村人口的比重,用以表示该地区某时期内乡村住户对乡村经济的贡献率。

⑨ 单位耕地面积粮食产量,指该地区单位耕地面积的粮食产量。粮食除包括稻谷、小麦、玉米、高粱、谷子及其他杂粮外,还包括薯类和豆类。

⑩ 人均社会消费品零售总额,指乡村社会消费品零售总额与乡村人口的比值,而乡村社会消费品零售总额是指国民经济各行业直接售给乡村居民的消费品总额。它是反映经济景气程度的重要指标。

⑪ 人均道路用地面积,指人均村庄内道路面积,表示村庄内道路通达情况。

⑫ 村内硬化道路所占比重,指村内硬化道路面积占村内道路面积的比重,表示村庄内道路的硬化程度。

⑬ 供水普及率,指享用自来水人口占乡村人口总数的比值,表示乡村供水设施的配备情况。

⑭ 对生活污水处理的行政村比重,指开展生活污水处理的行政村即通过符合当地实际的处理方式对生活污水进行处理,且受益农户达到 50% 以上的行政村占乡镇行政村(不含建成区所在行政村)总数的比例。

⑮ 有生活垃圾收集点的行政村比重,指开展乡村生活垃圾收运、处理或资源化利用,受益农户达到全村农户总数 40% 的行政村占乡镇行政村(不含建成区所在行政村)总数的比例。行政村生活垃圾处理和资源化利用方式包括进入城镇垃圾处理系统、制造沼气和堆肥等。

⑯ 燃气普及率,指用燃气的乡村人口与乡村总人口的比率。表示乡村改善

人民生活条件,促进节能减排。

⑰ 人均公共建筑面积,指年末地区内乡村人口人均公共建筑面积。表示乡村公共服务的普及度。

⑱ 生活垃圾无害化处理率,是指地区内无害化处理的乡村生活垃圾数量占乡村生活垃圾产生总量的百分比。生活垃圾处理率越高对生态环境的破坏越小。

⑲ 乡村园林绿化建设占市政公用设施建设比重,是指该地区本年内乡村园林绿化建设的建设强度,表示该地区的对生态环境质量的重视程度。

⑳ 单位耕地面积化肥施用量,反映乡村土壤的污染状况。计算公式为:乡村化肥施用折纯量/耕地面积。

2) 评价方法

乡村人居环境系统是一个多要素的复杂系统,对其质量评价的方法有很多,主成分分析是应用较为广泛的一种。主成分分析是把原来多个变量化为少数几个综合指标的一种统计分析方法。为了对所研究的对象进行多因子综合分析,需要在多维空间内观察它的规律。

主成分模型的基本数学原理是:假定有 n 个地理样本,每个样本共有 p 个变量,这样就构成了一个 $n \times p$ 阶的地理数据矩阵

$$X = \begin{bmatrix} x_{11} & x_{12} & \cdots & x_{1p} \\ x_{21} & x_{22} & \cdots & x_{2p} \\ \vdots & \vdots & & \vdots \\ x_{n1} & x_{n2} & \cdots & x_{np} \end{bmatrix}$$

原来的变量指标为 x_1, x_2, $\cdots$, x_P,它们的综合指标,即新变量指标为 z_1, z_2, $\cdots$, $z_m (m \leqslant p)$,则

$$\begin{cases} z_1 = I_{11}x_1 + I_{12}x_2 + \cdots + I_{1p}x_p \\ z_2 = I_{21}x_1 + I_{22}x_2 + \cdots + I_{2p}x_p \\ \vdots \\ z_m = I_{m1}x_1 + I_{m2}x_2 + \cdots + I_{mp}x_p \end{cases}$$

在上式中,系数 I_{ij} 由下列原则来决定:① z_i 与 $z_j(i \neq j;i,j=1,2,\cdots,m)$ 相互无关;② z_1 是 $x_1,x_2,\cdots,x_P$ 的一切线性组合中方差最大者,z_2 是与 z_1 不相关的 $x_1,x_2,\cdots,x_P$ 的所有线性组合中方差最大者;$\cdots\cdots$;z_m 是与 z_1,$z_2,\cdots,z_{m-1}$ 都不相关的 $x_1,x_2,\cdots,x_P$ 的所有线性组合中方差最大者。

这样决定的新变量指标 $z_1,z_2,\cdots,z_m$,分别为原变量指标的第一,第二,$\cdots\cdots$ 第 m 主成分。其中,z_1 在总方差中所占的比例最大,z_2,z_3,$\cdots$,z_m 的方差依次递减。在实际问题的分析中,常常挑选前几个最大的主成分,这样既减少了变量的数目,又抓住了主要矛盾,简化了变量之间的关系。

6.1.3　数据来源与处理

数据主要来源于《安徽省统计年鉴》(2016)、《江苏省统计年鉴》(2016)、《安徽省 2015 年度城乡建设统计年报》《江苏省 2015 年度城乡建设统计年报》,安徽省和江苏省 2016 年各地市统计年鉴以及官方网站的统计信息等。将江淮地区乡村人居环境原始数据作标准化处理,然后对标准化后的数据进行主成分分析计算,得到各指标之间的相关系数矩阵,结果如表 6-2 所示。

① 由相关系数矩阵可知,原始变量数据中,开展村庄整治的行政村比重与编制村庄规划的行政村比重、供水普及率、有生活垃圾收集点的行政村比重、乡村居民可支配收入有较强的相关性;供水普及率与乡村居民可支配收入、燃气普及率、人均农林牧渔业总产值具有较强的相关性;而有些指标之间相关性非常小,如人均住宅建筑面积与单位耕地面积粮食产量、乡村园林绿地建设占市政公用设施建设比重相关性低于 0.1,且与单位耕地面积化肥施用量呈负相关。

② 计算出相关矩阵的特征值及各主成分的贡献率和累计贡献率(表 6-3)。可以看出,前九个主成分的累计贡献率已经高于 80%,达到 82.17%,故只需要求出前九个主成分即可,它们已能够充分反映江淮地区乡村人居环境质量的综合水平。

③ 计算各区县主成分旋转矩阵,结果见表 6-4。从表中可以看出,第一主成分的贡献率最高,第一主成分在供水普及率、燃气普及率、乡村居民人均可支配收入、村内硬化道路所占比重、开展村庄整治的行政村比重、人均农林牧渔业总

表6-2 标准化数据后的各指标相关系数矩阵

	X_1	X_2	X_3	X_4	X_5	X_6	X_7	X_8	X_9	X_{10}	X_{11}	X_{12}	X_{13}	X_{14}	X_{15}	X_{16}	X_{17}	X_{18}	X_{19}	X_{20}
X_1	1.00	0.27	0.42	0.07	0.25	0.39	0.17	0.28	0.07	0.48	0.35	0.35	0.43	0.25	0.40	0.32	0.23	0.48	0.01	-0.04
X_2	0.27	1.00	0.10	-0.23	-0.22	0.11	-0.20	-0.01	-0.28	-0.02	0.20	-0.08	-0.08	0.19	0.11	-0.15	0.06	0.01	-0.10	0.23
X_3	0.42	0.10	1.00	0.01	-0.09	0.01	-0.20	0.20	-0.08	0.37	-0.10	0.23	-0.04	0.02	0.12	0.07	0.17	0.22	0.05	0.00
X_4	0.07	-0.23	0.01	1.00	0.62	0.27	0.32	0.04	0.05	-0.06	0.31	0.09	0.06	0.15	0.44	0.18	0.13	0.30	0.14	-0.02
X_5	0.25	-0.22	-0.09	0.62	1.00	0.49	0.47	-0.09	0.38	-0.05	0.23	0.44	0.58	0.40	0.54	0.54	0.20	0.46	0.18	-0.26
X_6	0.39	0.11	0.01	0.27	0.49	1.00	0.48	0.17	0.25	0.18	0.37	0.36	0.63	0.42	0.40	0.54	0.13	0.49	0.12	-0.17
X_7	0.17	-0.20	-0.20	0.32	0.47	0.48	1.00	0.32	0.43	0.17	0.25	0.31	0.53	0.35	0.33	0.45	-0.02	0.40	-0.11	-0.42
X_8	0.28	-0.01	0.20	0.04	-0.09	0.17	0.32	1.00	-0.15	0.62	0.22	0.10	-0.05	0.01	-0.06	0.02	-0.18	0.16	-0.05	-0.20
X_9	0.07	-0.28	-0.08	0.05	0.38	0.25	0.43	-0.15	1.00	-0.02	0.11	0.40	0.52	0.24	0.34	0.60	0.14	0.41	0.06	-0.50
X_{10}	0.48	-0.02	0.37	-0.06	-0.05	0.18	0.17	0.62	-0.02	1.00	0.21	0.25	0.17	0.08	0.15	0.15	-0.05	0.30	-0.06	-0.27
X_{11}	0.35	0.20	-0.10	0.31	0.23	0.37	0.25	0.22	0.11	0.21	1.00	0.00	0.29	0.27	0.27	0.15	-0.07	0.26	0.01	-0.04
X_{12}	0.35	-0.08	0.23	0.09	0.44	0.36	0.31	0.10	0.40	0.25	0.00	1.00	0.53	0.38	0.38	0.46	0.38	0.57	0.18	-0.32
X_{13}	0.43	-0.08	-0.04	0.06	0.58	0.63	0.53	-0.05	0.52	0.17	0.29	0.53	1.00	0.51	0.37	0.69	0.15	0.49	-0.04	-0.34
X_{14}	0.25	0.19	0.02	0.15	0.40	0.42	0.35	0.01	0.24	0.08	0.27	0.38	0.51	1.00	0.42	0.36	0.00	0.44	0.06	-0.25
X_{15}	0.40	0.11	0.12	0.44	0.54	0.40	0.33	-0.06	0.34	0.15	0.15	0.38	0.37	0.42	1.00	0.41	0.18	0.48	0.10	-0.20
X_{16}	0.32	-0.15	0.07	0.18	0.54	0.54	0.45	0.02	0.60	0.15	0.15	0.46	0.69	0.36	0.41	1.00	0.25	0.52	0.13	-0.37
X_{17}	0.23	0.06	0.17	0.13	0.20	0.13	-0.02	-0.18	0.14	-0.05	-0.07	0.38	0.15	0.00	0.18	0.25	1.00	0.22	0.21	-0.15
X_{18}	0.48	0.01	0.22	0.30	0.46	0.49	0.40	0.16	0.41	0.30	0.26	0.57	0.49	0.44	0.48	0.52	0.22	1.00	0.09	-0.32
X_{19}	0.01	-0.10	0.05	0.14	0.18	0.12	-0.11	-0.05	0.06	-0.06	0.01	0.18	-0.04	0.06	0.10	0.13	0.21	0.09	1.00	-0.04
X_{20}	-0.04	0.23	0.00	-0.02	-0.26	-0.17	-0.42	-0.20	-0.50	-0.27	-0.04	-0.32	-0.34	-0.25	-0.20	-0.37	-0.15	-0.32	-0.04	1.00

产值上具有很大的荷载,这些变量包含了乡村人居环境的经济发展水平和基础设施两个方面;第二主成分在编制村庄规划的行政村比重、开展村庄整治的行政村比重、有生活垃圾收集点的行政村比重上有较大的荷载,这说明第二主成分在一定程度代表着乡村居民的居住条件和基础设施的配置状况;第三主成分与单位耕地面积粮食产量正相关较强,与单位耕地面积化肥施用量呈较大负相关,代表乡村环境质量;第四主成分在乡村从业人员比重、人均社会消费品零售总额上具有较大荷载,这说明第四主成分在一定程度上代表着乡村就业和经济消费水平;第五主成分在混合结构以上住宅建筑比重、人均住宅建筑面积上具有较大荷载,因此第五主成分代表乡村居民的居住质量水平;第六主成分在人均新建房屋面积和对生活污水处理的行政村比重上具有较大荷载,一定程度上反映了乡村居民住房建设的能力和基础设施的配置状况;第七主成分与人均道路用地面积正相关较强,侧面反映乡村人居环境的道路通畅情况;第八主成分在人均公共建筑面积上荷载较强,在一定程度上代表着乡村公共服务设施的配置状况;第九主成分与乡村园林绿化建设占市政公用设施建设比重正相关较高,因此第九主成分在一定程度上反映了乡村生态环境投资建设消费水平。

表6-3　特征值及主成分贡献率

主成分	特征值	贡献率(%)	累计贡献率(%)
1	5.957	29.786	29.786
2	2.343	11.715	41.501
3	1.771	8.854	50.354
4	1.709	8.545	58.899
5	1.403	7.015	65.915
6	0.923	4.613	70.528
7	0.824	4.119	74.647
8	0.775	3.874	78.52
9	0.731	3.653	82.173
10	0.54	2.7	84.873
11	0.498	2.49	87.363
12	0.491	2.455	89.818
13	0.382	1.909	91.727
14	0.356	1.78	93.507

（续表）

主成分	特征值	贡献率（%）	累计贡献率（%）
15	0.332	1.661	95.168
16	0.313	1.564	96.732
17	0.222	1.109	97.841
18	0.189	0.944	98.785
19	0.145	0.723	99.508
20	0.098	0.492	100

表 6-4　主成分旋转矩阵

原变量	主成分								
	第一主成分 F1	第二主成分 F2	第三主成分 F3	第四主成分 F4	第五主成分 F5	第六主成分 F6	第七主成分 F7	第八主成分 F8	第九主成分 F9
供水普及率（%）	0.902	0.024	0.204	− 0.038	0.027	0.07	0.103	− 0.009	− 0.096
燃气普及率（%）	0.762	0.109	0.323	− 0.054	0.124	− 0.1	0.063	0.093	0.068
乡村居民人均可支配收入（元/人）	0.754	0.194	− 0.108	0.21	− 0.058	0.197	0.203	0.07	0.1
村内硬化道路所占比重（%）	0.561	0.118	0.265	0.122	0.294	0.182	− 0.31	0.277	0.148
人均农林牧渔业总产值（万元/人）	0.524	0.357	0.317	0.39	− 0.304	0.023	0.008	− 0.035	− 0.227
生活垃圾无害化处理率（%）	0.507	0.317	0.292	0.154	0.341	0.222	0.051	0.104	0.045
编制村庄规划的行政村比重（%）	0.05	0.939	− 0.06	0.043	− 0.027	− 0.097	0.124	0.061	0.068
开展村庄整治的行政村比重（%）	0.579	0.667	0.118	− 0.1	− 0.047	− 0.003	− 0.002	0.051	0.095
有生活垃圾收集点的行政村比重（%）	0.276	0.57	0.271	− 0.143	0.315	0.332	0.203	0.045	− 0.012
单位耕地面积化肥施用量（吨/公顷）	− 0.153	− 0.038	− 0.837	− 0.281	0.07	− 0.052	0.068	− 0.11	− 0.02
单位耕地面积粮食产量（吨/公顷）	0.468	0.037	0.727	− 0.25	0.007	− 0.152	0.096	− 0.01	0.004
乡村从业人员比重（%）	0.003	0.004	0.008	0.924	0.093	− 0.014	0.078	− 0.074	− 0.01
人均社会消费品零售总额（万元/人）	0.114	− 0.095	0.166	0.692	0.491	− 0.028	0.156	− 0.071	− 0.038
混合结构以上住宅建筑比重（%）	− 0.045	0.012	− 0.06	0.137	0.86	0.012	− 0.142	0.075	0.036
人均住宅建筑面积（平方米/人）	0.427	0.033	− 0.105	0.229	0.589	0.164	0.367	0.198	− 0.065

（续表）

原变量	主成分								
	第一主成分 F1	第二主成分 F2	第三主成分 F3	第四主成分 F4	第五主成分 F5	第六主成分 F6	第七主成分 F7	第八主成分 F8	第九主成分 F9
人均新建房屋面积（平方米/人）	- 0.1	- 0.251	- 0.274	- 0.048	0.09	0.736	0.32	0.216	- 0.118
对生活污水处理的行政村比重(%)	0.444	0.211	0.204	0.01	0.016	0.693	- 0.053	- 0.232	0.093
人均道路用地面积（平方米/人）	0.186	0.217	0.028	0.176	- 0.049	0.146	0.843	- 0.085	0.032
人均公共建筑面积（平方米/人）	0.134	0.091	0.095	- 0.12	0.12	0.005	- 0.061	0.922	0.115
乡村园林绿化建设占市政公用设施建设比重(%)	0.043	0.083	0.02	- 0.036	0.015	- 0.016	0.013	0.105	0.969

④ 计算各区县在第一至第九主成分上的得分,结果见表6-5。从表中可以看出,第一主成分得分排在前三位的是建湖县、东台市、泰兴市,其分值依次是:4.712,4.33,4.162;得分较高的有无为市、启东市、兴化市。第二主成分得分排在前三位的是海门市、海安县、安庆市辖区,其分值依次是:6.48,4.454,3.279;得分较高的有启东市、如皋市、肥西县。第三主成分得分排在前三位的是滁州市辖区、全椒县、怀远县,其分值依次是:1.781,1.761,1.733;得分较高的有东台市、巢湖市、太湖县、来安县、高邮市。第四主成分得分排在前三位的是洪泽区、淮安市辖区、射阳县,其分值依次是:6.068,3.034,2.36;得分较高的有淮南市辖区、海门市、怀远县、扬州市辖区、五河县。第五主成分得分排在前三位的是宝应县、高邮市、怀宁县,其分值依次是:2.918,2.414,2.05;得分较高的有金湖县、靖江市、淮南市辖区、凤阳县、东台市、扬州市辖区。第六主成分得分排在前三位的是泰兴市、如皋市、靖江市,其分值依次是:1.938,1.42,1.401;得分较高的有怀宁县、枞阳县、如东县、霍邱县。第七主成分得分排在前三位的是合肥市辖区、全椒县、蚌埠市辖区,其分值依次是:5.389,1.371,1.265;得分较高的有南通市辖区、五河县。第八主成分得分排在前三位的是靖江市、滁州市辖区、建湖县,其分值依次是:3.461,2.911,1.917;得分较高的有霍山县、潜山市、高邮市。第九主成分得分排在前三位的是安庆市辖区、望江县、建湖县,其分值依次是:1.462,1.306,1.301;得分较高的有泰兴市、太湖县。

表6-5　江淮地区各区县乡村人居环境主成分得分

序号	地区	F1	F2	F3	F4	F5	F6	F7	F8	F9	综合得分	位次
1	合肥市辖区	1.400	0.096	-1.976	-0.952	-1.318	-0.298	5.389	0.248	-0.187	0.353	24
2	巢湖市	-1.132	-0.255	1.586	-0.735	-0.753	0.122	0.040	-0.678	0.381	-0.422	38
3	长丰县	-0.773	0.882	1.199	-0.016	-0.782	-0.758	0.845	-0.591	0.190	-0.113	31
4	肥东县	2.126	0.832	-0.692	-0.762	-0.694	-0.371	-0.378	-0.817	-2.918	0.468	21
5	肥西县	-1.137	1.495	1.147	-1.082	0.019	-1.836	0.309	-0.565	0.199	-0.292	33
6	庐江县	-0.612	-0.589	0.433	-0.196	-1.031	0.082	-0.273	-0.176	0.184	-0.377	35
7	蚌埠市辖区	-1.029	-0.993	-2.367	0.122	0.948	-0.390	1.265	-0.817	0.505	-0.650	44
8	怀远县	-2.010	-0.471	1.733	1.440	-0.821	0.116	0.528	-0.840	-0.013	-0.536	41
9	五河县	1.233	0.183	0.862	1.002	-1.163	0.918	1.143	-0.255	-0.344	0.652	19
10	淮南市辖区	-6.356	0.188	-2.984	2.077	1.799	0.125	-0.453	-0.503	0.306	-2.255	60
11	凤台县	-2.326	0.424	0.240	0.938	-0.917	0.219	-0.107	-0.180	-1.265	-0.795	48
12	寿县	-3.399	-0.546	0.444	0.696	-0.120	0.668	-0.515	-0.340	-1.998	-1.293	56
13	滁州市辖区	-3.055	-0.187	1.781	0.932	-1.265	-0.308	-0.199	2.911	-0.689	-0.874	50
14	天长市	0.087	0.116	1.088	-0.297	-0.395	0.453	0.388	-0.702	-0.109	0.107	27
15	明光市	-1.578	-0.157	0.498	-0.971	-0.564	-0.426	-0.297	-0.461	0.166	-0.743	47
16	来安县	-0.210	0.034	1.344	-0.382	-0.792	0.387	-0.180	-0.525	0.586	-0.020	30
17	全椒县	-2.273	-0.156	1.761	-0.985	-0.148	0.779	1.371	-0.792	0.363	-0.680	45
18	定远县	-3.126	-0.354	0.638	-0.678	-0.321	-3.417	-0.284	-0.014	0.260	-1.408	57
19	凤阳县	-4.107	0.376	0.523	-1.414	1.666	-0.051	-1.108	0.694	-0.172	-1.417	58
20	六安市辖区	-1.366	-0.670	-2.282	0.675	1.371	0.232	0.528	-0.787	-0.908	-0.687	46

（续表）

序号	地区	F1	F2	F3	F4	F5	F6	F7	F8	F9	综合得分	位次
21	霍邱县	0.060	-0.634	-2.674	-0.409	-0.913	1.004	-0.208	-0.084	-0.619	-0.463	39
22	舒城县	-3.023	-0.028	-1.057	-0.703	0.722	0.588	-0.632	0.332	-1.346	-1.268	54
23	金寨县	-3.444	-0.245	0.929	0.055	-1.482	0.357	-0.292	-0.294	0.504	-1.290	55
24	霍山县	-4.123	-0.299	0.342	-1.429	0.130	-0.236	0.546	1.774	0.980	-1.496	59
25	含山县	-1.214	-0.172	0.296	-1.016	-0.144	-0.880	0.170	0.188	-0.172	-0.590	42
26	和县	0.172	0.040	-0.770	-1.064	-0.844	-1.267	-0.096	-0.195	-0.515	-0.306	34
27	无为市	3.861	0.573	-0.420	-1.469	-1.541	-0.811	-0.672	-0.019	-2.207	0.973	12
28	枞阳县	-2.517	0.062	0.771	0.030	-0.562	1.053	-0.373	0.761	-0.929	-0.830	49
29	安庆市辖区	-1.095	3.279	-3.895	0.959	-0.709	0.681	-0.742	0.477	1.462	-0.221	32
30	桐城市	-1.406	-0.278	0.313	-1.761	-0.139	0.490	-0.366	0.799	0.506	-0.641	43
31	怀宁县	-2.455	0.253	-0.649	-1.828	2.050	1.202	-0.330	-1.131	0.899	-0.901	51
32	潜山市	-3.047	-0.666	-0.367	-0.037	0.366	0.649	0.296	1.233	0.206	-1.093	53
33	太湖县	-1.988	-0.345	1.544	0.070	-0.174	0.296	0.746	0.049	1.014	-0.510	40
34	宿松县	-1.989	-0.617	-0.614	-0.058	-0.942	-0.013	-0.368	0.268	0.478	-0.947	52
35	望江县	-0.477	-0.142	-0.601	-0.772	-1.432	0.508	-0.521	0.063	1.306	-0.397	36
36	岳西县	0.729	-0.091	-3.480	-0.939	-0.886	-0.252	-0.658	0.014	-1.587	-0.414	37
37	南通市辖区	2.075	1.063	-0.831	-0.978	1.289	0.590	1.173	-0.190	0.635	0.934	14
38	海安县	2.519	4.454	1.195	0.077	1.462	0.292	-0.242	-0.362	0.223	1.807	1
39	如东县	1.986	1.066	0.062	-0.885	-0.223	1.052	-0.469	-0.529	0.576	0.804	16
40	启东市	3.578	2.999	0.387	-1.557	-1.630	0.356	-0.813	0.781	0.702	1.513	3

（续表）

序号	地区	F1	F2	F3	F4	F5	F6	F7	F8	F9	综合得分	位次
41	如皋市	1.963	2.046	-0.194	-0.526	0.097	1.420	-0.424	-0.288	0.547	1.005	10
42	海门市	0.435	6.480	1.066	1.867	0.588	0.316	0.049	0.343	-0.508	1.455	5
43	淮安市辖区	0.396	-1.790	0.434	3.034	-0.850	-0.085	-0.459	-0.622	0.229	0.131	26
44	洪泽区	2.096	1.171	-0.462	6.068	-0.929	-0.545	0.410	0.604	0.489	1.469	4
45	盱眙县	1.143	-0.146	0.882	0.494	-1.039	-0.189	-0.228	-0.514	0.392	0.422	22
46	金湖县	0.264	-0.506	0.829	0.576	1.970	-2.075	-0.128	-0.820	0.287	0.192	25
47	盐城市辖区	1.695	0.016	0.528	0.353	1.008	-0.607	-0.227	0.038	-0.339	0.738	17
48	滨海县	1.073	-1.292	-1.651	0.854	0.356	-1.239	-1.002	-0.724	0.986	0.036	29
49	阜宁县	1.186	-2.214	0.707	0.275	-0.249	-0.557	-0.621	-1.016	0.146	0.094	28
50	射阳县	2.358	-1.436	0.779	2.360	0.273	0.048	0.102	-0.480	-0.407	0.970	13
51	建湖县	4.712	-0.015	-2.105	-0.882	-0.295	-2.852	-0.552	1.917	1.301	1.323	6
52	东台市	4.330	-0.271	1.587	-1.212	1.649	0.406	0.482	0.262	-0.441	1.756	2
53	扬州市辖区	1.907	-0.724	-0.052	1.017	1.647	0.890	-0.449	-0.173	0.171	0.856	15
54	宝应县	2.306	-0.108	0.580	-0.326	2.918	-0.755	-0.270	-0.783	0.116	1.010	9
55	仪征市	2.197	-0.868	0.268	-1.118	1.531	0.340	-0.037	-0.559	-0.351	0.691	18
56	高邮市	1.784	-0.675	1.300	0.966	2.414	-0.611	0.095	1.017	-0.336	1.001	11
57	泰州市辖区	1.389	-2.611	-0.205	0.633	1.245	0.700	0.780	0.244	-0.165	0.364	23
58	兴化市	3.168	-2.778	0.363	0.215	-1.918	0.150	-0.923	0.066	0.370	0.632	20
59	靖江市	2.872	-2.327	0.262	0.234	1.871	1.401	0.189	3.461	-0.396	1.156	7
60	泰兴市	4.162	-2.472	-0.375	-0.582	-1.403	1.938	-0.950	-0.718	1.254	1.019	8

综合主成分得分在江淮地区乡村人居环境平均水平以上（＞0）的，依次为海安县、东台市、启东市、洪泽区、海门市、建湖县、靖江市、泰兴市、宝应县、如皋市、高邮市、无为市、射阳县、南通市辖区、扬州市辖区、如东县、盐城市辖区、仪征市、五河县、兴化市、肥东县、盱眙县、泰州市辖区、合肥市辖区、金湖县、淮安市辖区、天长市、阜宁县、滨海县，它们是乡村人居环境综合发展水平发展较优越的区域，其他区县则位于江淮地区平均水平以下（＜0），其中得分居于最后三位的是凤阳县、霍山县、淮南市辖区，其乡村人居环境水平较低。

6.1.4　评价结果分类

通过聚类分析得到江淮地区乡村人居环境质量分类结果（表 6-6）。

表 6-6　江淮地区乡村人居环境质量分类

类别	地区
第一类	淮南市辖区、寿县、金寨县、舒城县、定远县、凤阳县、霍山县、潜山市
第二类	肥西县、和县、安庆市辖区、巢湖市、岳西县、庐江县、望江县、怀远县、太湖县、霍邱县、全椒县、六安市辖区、蚌埠市辖区、桐城市、含山县、滁州市辖区、怀宁县、宿松县、凤台县、枞阳县、明光市
第三类	合肥市辖区、泰州市辖区、肥东县、盱眙县、天长市、阜宁县、淮安市辖区、金湖县、来安县、滨海县、长丰县
第四类	如东县、扬州市辖区、五河县、兴化市、盐城市辖区、仪征市、无为市、射阳县、如皋市、高邮市、宝应县、泰兴市、南通市辖区、靖江市
第五类	海安县、东台市、海门市、洪泽区、启东市、建湖县

① 第一类地区——淮南市辖区、寿县、金寨县、舒城县、定远县、凤阳县、霍山县、潜山市。该区域乡村人居环境综合质量得分最低，乡村人居环境质量首要的制约因素为经济发展水平低、基础设施配套不健全，基本处于第一发展阶段中期即乡村生活基础设施建设阶段中期，同时也凸显出对这类地区乡村人居环境中居住环境研究的重要性。

② 第二类地区——肥西县、和县、安庆市辖区、巢湖市、岳西县、庐江县、望江县、怀远县、太湖县、霍邱县、全椒县、六安市辖区、蚌埠市辖区、桐城市、含山县、滁州市辖区、怀宁县、宿松县、凤台县、枞阳县、明光市。该区域乡村人居环境综合质量得分处于江淮地区平均水平以下，综合发展水平一般，乡村经济发展水

平、村庄环境治理及乡村生态环境质量等方面得分较低。处于第一阶段的后期即乡村基本生活设施建设阶段的后期，农民住房质量有待提高，饮用水质量待改善，村庄道路需进一步硬化。

③ 第三类地区——合肥市辖区、泰州市辖区、肥东县、盱眙县、天长市、阜宁县、淮安市辖区、金湖县、来安县、滨海县、长丰县。该区域乡村人居环境质量的综合得分基本处于江淮地区平均水平以上，制约因素包括乡村土壤污染状况、乡村居民消费水平。需大力控制农药、化肥、农用农膜的使用，加强乡村污水处理力度，大力推进新型城镇化，以城镇带动乡村经济，提高乡村居民的消费水平。

④ 第四类地区——如东县、扬州市辖区、五河县、兴化市、盐城市辖区、仪征市、无为市、射阳县、如皋市、高邮市、宝应县、泰兴市、南通市辖区、靖江市。该区域乡村人居环境质量的综合得分基本处于江淮地区平均水平以上，村庄道路建设情况较好，生态环境保护良好，已开展村庄整治的行政村比例超过了90%。

⑤ 第五类地区——海安县、东台市、海门市、洪泽区、启东市、建湖县。该区域乡村人居环境质量的综合得分居于江淮地区前列。该区域地处江淮东部经济较发达的片区，乡村整体的经济水平较高；基础设施和公共服务设施较齐备，交通、通讯、自来水的普及完善，医疗服务设施齐全；地处优越的沿海、沿湖区域，村庄卫生状况良好，居民对环境卫生较为满意。

第五类地区村庄大致处于乡村环境治理阶段后期和乡村景观美化阶段前期的过渡时期，其发展仍存在一定的问题。从表6-4可以看出，建湖县、洪泽区在第三、第六主成分上的得分为负，表明乡村居民居住质量、乡村环境两方面存在不足；海安县、启东市在乡村居民居住建设的能力方面居于江淮地区平均水平以下；东台市、海门市乡村公共卫生相对滞后。

6.1.5 空间分异特征

依据江淮地区各区县乡村人居环境质量将江淮地区分为5类，通过GIS将江淮地区人居环境发展水平区域差异可视化，如图6-1。结合江淮人居环境质量评价的综合得分可知，第一类到第五类人居环境区的人居环境质量由差到优，由图可知，江淮地区乡村人居环境东部地区人居环境质量优于西部地区人居环境质量。

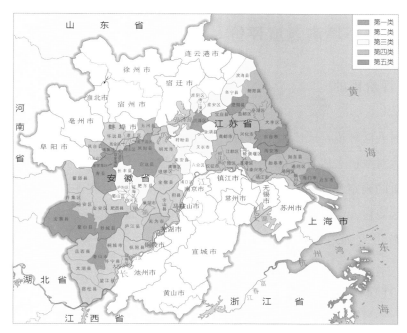

图 6-1　江淮地区乡村人居环境区域差异特征图

资料来源：根据 2015 年安徽省、江苏省人居环境调查数据整理绘制。

第一类地区处于江淮地区西部安徽省境内，包括安徽省中部及西部，共含 8 个市辖区、县，总体覆盖范围较小，呈斑块状分布且已聚集成两个片区；

第二类地区同样处于江淮地区西部安徽省境内，包括西部大别山麓地区、中南部长江中下游北岸平原和巢湖盆地、北部淮河中下游南岸平原，共含 21 个市辖区、县，总体覆盖范围较大，主要区域呈环状分布围绕在合肥市周边，部分集中成片于江淮地区西南部；

第三类地区在江淮地区中、西、东部均有分布，包括安徽省与江苏省共 11 个市辖区、县，总体覆盖范围较小，主要区域呈连片状分布，部分呈斑块状分布聚集在江淮地区东部；

第四类地区主要处于江淮地区东部江苏省境内，少部分地区如五河县及无为市位于安徽省境内，共含 14 个市辖区、县，总体覆盖范围较大，主要区域呈连片状分布；

第五类地区处于江淮地区东部江苏省境内，共含 6 个市辖区、县，总体覆盖范围较小，呈斑块状分布。

6.2　人居环境满意度评价

6.2.1　评价目的

　　乡村人居环境是居民生活所需物质与非物质的有机结合体,其主体是乡村居民。故对乡村人居环境的评价应不仅限于物质层面,还应上升到精神层面。通过权重的确定及样本村的筛选,构建乡村人居环境满意度评价指标体系,评价江淮地区乡村人居环境整体满意度水平,有利于全面认识江淮地区乡村居民的生活状态,更全面地了解乡村人居环境。

6.2.2　评价指标与方法

　　采用德尔菲法优化选取评价指标,构建江淮地区乡村人居环境满意度评价指标体系,并通过模糊综合评价法对所选取江淮地区的 26 个样本村进行满意度评价,得出评价结果。

1) 构建原则

　　在江淮地区乡村人居环境质量评价的基础上,根据调研结果,对村庄的乡村人居环境满意度进行评价,以便更全面地揭示江淮地区乡村人居环境的整体情况。乡村人居环境涉及的因素较多,必须构建合理的评价指标体系。与构建质量评价指标体系所遵循的原则一样,构建乡村人居环境满意度评价指标除需具有针对性、可操作性、普适性、地域差异性、综合性以及引导性原则外,还需遵循以下原则:

　　① 科学性原则。指标要科学、合理,能够科学反映乡村人居环境满意度情况。

　　② 全面性原则。指标尽量涵盖乡村人居环境的各个方面。

　　③ 层次性原则。指标应考虑逻辑层次上的关系,避免重复无序指标,形成指标体系。

2）指标选取

借鉴相关研究成果，并结合江淮地区乡村人居环境发展的整体情况构建指标体系，从村庄的住房条件满意度、公共设施满意度、社会经济满意度及生态环境满意度这四方面共选取了 11 个指标，见表 6-7。为使指标更加具有代表性，采用德尔菲法对指标体系进行优化，并对各个指标的权重进行赋值。

表 6-7　乡村人居环境满意度评价指标体系及权重

目标层（A）	分类层及权重		指标层及权重	
	分类层（B）	权重	指标层（C）	权重
农村人居环境满意度评价	住房条件（B1）	0.1741	个人住宅满意度（C1）	0.5538
			居住条件满意度（C2）	0.4462
	公共设施（B2）	0.1973	公共交通设施满意度（C3）	0.2759
			村卫生室满意度（C4）	0.2492
			对子女就学满意度（C5）	0.2769
			文体活动设施满意度（C6）	0.1980
	社会经济（B3）	0.4686	对近年农村建设是否满意（C7）	0.2922
			对生活在村内的经济条件是否满意（C8）	0.2729
			村民对政府实施的经济政策项目的总体评价（C9）	0.4349
	生态环境（B4）	0.1600	本行政村空气质量、水质量满意度（C10）	0.5113
			本行政村环境卫生状况满意度（C11）	0.4887

具体指标及含义如下：

① 个人住宅满意度，是指农村居民对住宅建筑的满意程度，是反映农村居民住房条件的重要指标。

② 居住条件满意度，是指农村居民对家庭整体居住条件的满意程度。是反映农村居住条件的重要指标。

③ 公共交通设施满意度，是指村民对农村公共交通设施的满意程度，反映农村公共交通优劣程度。

④ 村卫生室满意度，是指村民对农村卫生室的满意程度，反映农村医疗卫生的发展状态。

⑤ 对子女就学满意度,是指家长对子女学校、教育设施的满意程度,反映农村教育质量水平。

⑥ 文体活动设施满意度,是指农村居民对农村文体活动设施的满意程度,反映农村居民日常生活丰富度。

⑦ 对近年农村建设是否满意,是指农村居民对近 5 年农村建设情况的满意程度,反映农村整体建设水平。

⑧ 对生活在村内的经济条件是否满意,指农村居民对农村经济建设、产业发展的满意程度,反映农村经济发展状况。

⑨ 村民对政府实施的经济政策项目的总体评价,指该地区单位耕地面积的粮食产量。粮食除包括稻谷、小麦、玉米、高粱、谷子及其他杂粮外,还包括薯类和豆类。

⑩ 本行政村空气质量、水质量满意度,指农村居民对当地的空气质量、水质量的整体满意程度,反映农村环境质量水平。

⑪ 本行政村环境卫生状况满意度,指农村居民对村庄整体卫生状况的满意程度,反映农村环境卫生水平。

3) 数据筛选与处理

满意度评价数据采用全国农村人口流动及安居性调研数据,考虑到同一地区农村的生态环境、人文肌理与产业结构具有一定的相似性,故选取的样本村庄需分布在不同地域、具有不同的发展特点,补充调研的村庄共有 30 个。经过比较筛选,最终确定以表 6-8 中的 26 个行政村的 519 个村民样本作为研究对象。数据包括村民问卷统计信息、村庄属性统计信息、村主任问卷统计信息、建设部全国乡村人居环境数据库等,形成了丰富全面的乡村人居环境数据库。其中,村民问卷从村民个体和家庭的层面,对村庄各项要素的实际使用和满意程度进行调查,充分反映了村民在各方面的意愿与想法;村庄属性是对村庄空间属性、地理属性、经济经济、社会属性和历史文化属性的反映;村主任问卷则提供了在村庄层面的相关统计数据,建设部全国乡村人居环境数据库则弥补了一些基础设施数据。

表 6-8　样本村数据一览表

编号	县（区）	村庄	地形	村庄发达程度	农业类型	历史文化
1	庐江县	果树村	丘陵	中等	种植业	非传统村落
2	庐江县	东明村	丘陵	中等	渔业	非传统村落
3	庐江县	陡岗村	丘陵	欠发达	种植业	非传统村落
4	庐江县	铺岗村	丘陵	中等	种植业	一般传统村落
5	庐江县	冶父山社区	丘陵	欠发达	种植业	非传统村落
6	金寨县	河西村	山区	欠发达	种植业	非传统村落
7	金寨县	前畈村	山区	欠发达	种植业	非传统村落
8	金寨县	桥店村	丘陵	欠发达	林业	非传统村落
9	金寨县	小河村	山区	欠发达	林业	非传统村落
10	金寨县	姚冲村	丘陵	发达	种植业	非传统村落
11	大丰区	恒北村	平原	发达	种植业	非传统村落
12	大丰区	双喜村	平原	发达	种植业	一般传统村落
13	大丰区	新团村	平原	发达	种植业	非传统村落
14	大丰区	龙窑村	平原	发达	种植业	非传统村落
15	大丰区	马港村	平原	发达	种植业	一般传统村落
16	大丰区	众心村	平原	发达	种植业	一般传统村落
17	大丰区	广丰村	平原	中等	种植业	非传统村落
18	大丰区	南阳村	平原	发达	种植业	非传统村落
19	大丰区	诚心村	平原	中等	种植业	非传统村落
20	仪征市	大巷村	丘陵	发达	种植业	非传统村落
21	仪征市	岔镇村	平原	发达	种植业	非传统村落
22	仪征市	八桥村	平原	发达	种植业	非传统村落
23	仪征市	红星村	丘陵	中等	种植业	一般传统村落
24	仪征市	百寿村	丘陵	中等	种植业	非传统村落
25	仪征市	庙山村	丘陵	中等	种植业	非传统村落
26	仪征市	尹山村	平原	中等	种植业	非传统村落

4）评价方法

　　乡村人居环境满意度总体上是研究农村居民的内心期望和实际感知相结合而产生的对某一事项的满意程度的综合反映，由于不同的人对事物的感知判断结果的不确定性,这种满意度也就具有一定的模糊性。因此采用模糊综合评价法对乡村人居环境满意度进行评价,更具有说服力。它的基本思路是:从多个因素对具有"模糊性"事物的等级隶属状况进行综合评价。

① 权重集确定

从指标矩阵知:目标层 A 的权重向量集 $W=(0.1741,0.1973,0.4686,0.1600)$,分类层 B1,B2,B3,B4 的权重向量集分别为:

$W1=(0.5538,0.4462)$,

$W2=(0.2759,0.2492,0.2769,0.1980)$,

$W3=(0.2922,0.2729,0.4349)$,

$W4=(0.5113,0.4887)$

② 建立评价集矩阵

定义评价集矩阵 $V=(v1,v2,v3,v4,v5)$,其中 v1,v2,v3,v4,v5 依次为非常不满意、较不满意、一般、满意和非常满意。

③ 确定指标评价矩阵

$R_k=(r_{ij})m \times n, k=1,2,3,4;m$ 为各支持层的评价指标的个数,n 为评价等级个数,r_{ij} 是通过问卷调查的数据统计整理得出,是选择某项的人数占总人数的比率。即:

$$R_1=\begin{pmatrix} 0.0769 & 0.3462 & 0.2308 & 0.1538 & 0.1923 \\ 0.0769 & 0.1154 & 0.2308 & 0.3846 & 0.1923 \end{pmatrix}$$

$$R_2=\begin{pmatrix} 0.2692 & 0.0000 & 0.0385 & 0.3846 & 0.3077 \\ 0.0385 & 0.1923 & 0.3462 & 0.2308 & 0.1923 \\ 0.1923 & 0.3077 & 0.2692 & 0.1923 & 0.0385 \\ 0.0769 & 0.1923 & 0.2692 & 0.3846 & 0.0769 \end{pmatrix}$$

$$R_3=\begin{pmatrix} 0.0385 & 0.0769 & 0.1923 & 0.4231 & 0.2692 \\ 0.3846 & 0.0769 & 0.0769 & 0.3462 & 0.1154 \\ 0.0385 & 0.0000 & 0.2692 & 0.4615 & 0.2305 \end{pmatrix}$$

$$R_4=\begin{pmatrix} 0.0385 & 0.1154 & 0.269\,2 & 0.1583 & 0.4231 \\ 0.0000 & 0.0000 & 0.1923 & 0.2308 & 0.5769 \end{pmatrix}$$

则目标层指标评价矩阵：$\boldsymbol{R} = \begin{bmatrix} W_1R_1 \\ W_2R_2 \\ W_3R_3 \\ W_4R_4 \end{bmatrix}$

④ 多层次模糊综合评价

在多层次模糊综合评价时，每一层次的综合评价由低一层次的综合评价所得，先对支持层进行模糊综合评价得出 B1，B2，B3，B4，然后建立目标层的综合评价矩阵，最后得出目标层的模糊综合评价。

$$B1 = W_1R_1 = \begin{bmatrix} 0.0769 & 0.2432 & 0.2308 & 0.2568 & 0.1923 \end{bmatrix}$$
$$B2 = W_2R_2 = \begin{bmatrix} 0.1523 & 0.1712 & 0.2247 & 0.2930 & 0.1587 \end{bmatrix}$$
$$B3 = W_3R_3 = \begin{bmatrix} 0.1539 & 0.0225 & 0.1943 & 0.4188 & 0.2105 \end{bmatrix}$$
$$B4 = W_4R_4 = \begin{bmatrix} 0.0197 & 0.0590 & 0.2316 & 0.1914 & 0.4983 \end{bmatrix}$$

则目标层的模糊综合评价为：

$\boldsymbol{A} = \text{WR} = \begin{bmatrix} 0.1187 & 0.0961 & 0.2126 & 0.3294 & 0.2432 \end{bmatrix}$，根据最大隶属度原则，村民对乡村的总体满意度为 V4，即满意。

6.2.3　评价结果

1) 结果分析

根据最大隶属度原则对测评结果进行评定，住房条件、公共设施、社会经济的满意度均为满意，生态环境的满意度测评结果为非常满意。（图 6-2）

村民对住房条件的总体评价为满意，但是如果把满意与非常满意综合为总体满意，则只有 44.91% 的人对村庄住房条件总体满意，超过半数的人表示总体不满意。指标层中村庄居住条件的评价结果为满意，个人住宅的评价结果则为一般，通过样本村庄的住房条件数据可以看到，农村住宅的建筑面积虽然达标，但是建筑质量较为一般，且房屋内生活设施配置不完善，多数住宅并没有配置卫生厕所或网络，表明大部分农村居民依旧存在只扩大建筑面积而不完善住房配套设施的传统思想。

村民对公共设施的总体评价较为分散，29.3% 的村民对所在村庄公共设施表

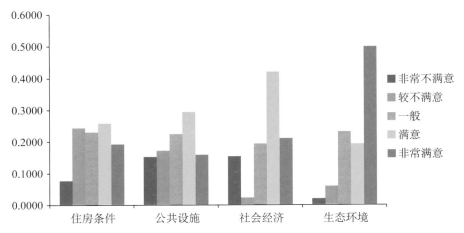

图 6-2   江淮地区分类层乡村人居环境满意度示意图
资料来源:作者绘制。

示满意,22.5％的村民对所在村庄的公共服务设施的满意程度为一般。具体表现为村民对公共交通设施及文体活动设施的满意程度为满意,说明政府对农村交通与文娱设施的投入初见成效。但是,子女就学与村卫生室的满意度仅为一般,多数村民反映子女上学距离较远,村卫生室只能解决平常问题,可见农村教育医疗问题仍需重视。

村民对农村社会经济的评价较为统一,62.9％的村民对农村社会经济总体满意。很多村民表示近几年家乡的发展十分迅速,家庭经济条件与生活条件提升很多。同时,69.2％的村民对近年农村建设表示总体满意。主要体现在道路硬化率提升,供水设施、供电设施、环境保护设施、农田水利设施等也多有完善,并且希望能持续加强农村的社会经济建设。

村民对农村生态环境的总体评价为非常满意,从村民对生态环境各个方面的满意度得分情况分析,42.3％的村民对农村空气质量表示非常满意,57.7％的村民认为村庄环境卫生状况很好,这是村民的主观感知。但是我们也看到许多村庄缺乏污水处理设施与垃圾收集设施,这对农村的整体环境会有很大影响。下一步需加强农村的污水垃圾整治。

江淮地区乡村人居环境满意度测评结果为满意(图 6-3),说明江淮地区的村民对乡村人居环境整体上比较认可,这与近期皖苏两省积极开展乡村人居环境整治工作,大力改善了乡村环境有一定关系。但仍有 11.9％的村民对乡村人居环境非常不满意,有 9.6％的村民对乡村人居环境较不满意,21.3％的村民认为乡村人居环境一般。说明乡村人居环境改善工作仍然是一项艰巨的任务。

　　从居民对乡村人居环境满意度分析可知,乡村人居环境建设的当务之急是解决农村居民最不满意、最关心的问题,即农村教育与医疗问题。该问题不仅严重影响乡村人居环境的可持续发展,更是直接影响乡村居民的身心健康,关系到和谐社会能否在农村实现的问题。

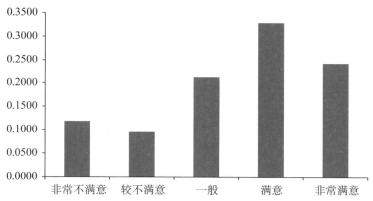

图 6-3　江淮地区乡村人居环境满意度
资料来源:作者绘制。

2）影响因素分析

（1）自然地理因素

　　农村聚居的形成大多是建立在顺应自然及自给自足的生活环境基础之上的,村落的选址、布局基本都是因地制宜。这不仅是由生产工具决定的,也是人们适应自然、利用自然的手段。平坦且资源丰富的环境更有利于人们生活、生产。

　　地形因素无疑是村庄最初发展的主导因素,直接影响农村聚落布局形态、规模、密度。江淮地区地形地貌丰富,由西向东大体呈现“山区—丘陵—平原”的分布状态。平原地区的农村居民点聚落规模较大,人口稠密,多呈块状分布,较为自由;而山区丘陵地区的农村聚居点受地形限制较大,一般位于山谷或山麓地带,聚居规模小,多呈线状或散点状分布(图 6-4、图 6-5)。故其乡村人居环境的满意度有较大差异。平原地区的满意度普遍高于山区丘陵地区。

自然地理条件不但影响居民点分布,还对道路连接、设施配置、经济发展等有明显影响。山区丘陵地带不仅设施建设难度大,而且对外联系较平原更为困难,并且因为内外联系不畅,使得经济发展乏力,恶性循环,导致满意度较低的结果。

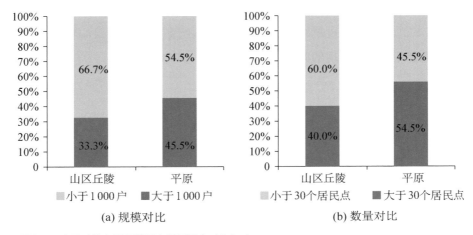

(a) 规模对比   (b) 数量对比

图6-4 山区丘陵与平原地区农村居民点对比(一)
资料来源:作者绘制。

(a) 山区农村居民点带状分布   (b) 平原农村居民点块状分布

图6-5 山区丘陵与平原地区农村居民点对比(二)
资料来源:作者绘制。

(2) 资源禀赋因素

村庄之间不仅有自然地理方面的差异,在资源禀赋上也极为不同,这就导致了农村发展基础与村民自身"家乡优越感"的迥异。除了少数村庄具有良好的资源条件外,大多数村庄都只能依赖传统农业生产进行发展。在江淮地区选取的

26 个村庄样本中,有 5 个村为一般传统村落,有 1 个村(前畈村)临近著名旅游景点,也成为了旅游型村庄;其余 20 个村庄既非传统村落,也非旅游型村庄,村庄发展条件一般,多数村民更愿意留在有发展前景的城镇。

具有得天独厚的资源禀赋的村落更容易获得政策支持与外资投入,形成良性循环的发展过程。通过调研,虽然多数村民都对自己生活的村庄建设现状表示满意,也愿意继续留在村内,但这只是相对过去而言,他们更希望下一代生活在城镇而非家乡,这也是村庄发展潜力的最直接体现(图 6-6)。对于这些资源禀赋一般的村庄,需要继续提升村庄配套设施水平,深入挖掘村庄特色文化,为进一步发展寻找机遇。

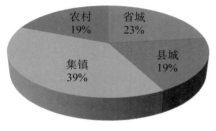 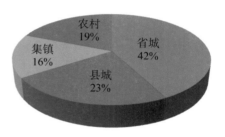

(a) 个人迁出意愿　　　　　　　　　(b) 希望下一代生活地区

图 6-6　迁出意愿打算
资料来源:作者绘制。

（3）社会经济因素

社会经济发展水平直接影响到乡村人居环境发展的持续性。通过调研发现,拥有自主产业或者非农产业发展较好的农村,其居民生活、村容村貌都明显表现较好。同时,农村医疗、教育、交通等配套设施的水平也很大程度地影响乡村人居环境水平。

江淮地区农村经济差距虽较为明显,但据调研反映,村民普遍对农村经济发展表示满意,认为生活质量较以前明显提升。从经济拉动各项建设的角度来看,村庄经济发展水平是提升乡村人居环境的根本动力,也是乡村能够留住人口的重要要素,同时与提升乡村人居环境的其他因素息息相关。其中,主要农业方式的地均收益得到提升,反映了村庄的生产力水平的提高和生产方式的改进,生产方式的改进使大量劳动力从农业中解放出来寻找新的村庄发展路径,发展新的乡村产业,不仅带动了休闲农业和服务业的发展,反过来又促进了农村经济和村民生活水平的提高,使得村民愿意留在家乡发展建设。

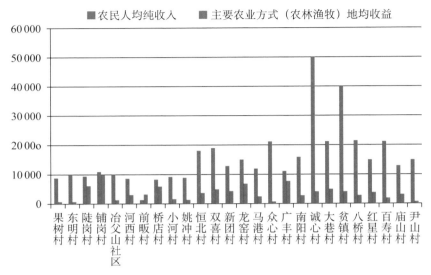

图 6-7 样本村庄社会经济现状
资料来源:作者绘制。

(4)政策变迁因素

乡村的发展离不开政策的支持。在长期"重城抑乡"及只注重经济发展、忽视人居环境建设的背景下,乡村人居环境得不到很好的保护。同时,江淮地区靠近长三角经济发展核心区域,大多数村民远离家乡,进城务工,也导致了乡村的凋零。

近年来,国家越来越重视"三农"问题,并且将改善乡村人居环境作为当下的重要任务,一系列惠民措施、促进农村发展的政策不断下发,农村基础设施与公共服务设施不断完善,农村居民的切身利益得到保障,外出与否已不是影响家庭条件的首要因素,越来越多的村民愿意留在村里发展。在此基础上,村民对乡村人居环境自然是满意更多。通过调查,超过八成的村民对政府政策实施满意,这也体现了政策实施初见成效。

6.3 小结

以 2015 年全国安居性调研和 2017 年安徽省和江苏省补充调研为基础,结合 2015 年江淮地区各区县定量数据,分别对江淮地区乡村人居环境质量和满意度进行评价,从客观质量水平和主观满意度两个层面进行评价,定性与定量相结合,深刻剖析影响江淮地区乡村人居环境的因素,将江淮地区作为一个区域整体进行研究,可以初步得出以下结论:

① 江淮地区乡村人居环境质量方面,首先,江淮地区乡村人居环境质量整体水平不高,各系统层之间需相互协调,质量水平有很大的提升空间;其次,江淮地区乡村人居环境质量呈现明显的东西片区差异,东部片区乡村人居环境整体质量要优于西部片区,这反映了地区农村经济发展的重要性及地方政策的实施力度和农村规划建设标准分类指导的意义;第三,丘陵地区乡村人居环境质量要低于平原地区,这与丘陵地区地形地貌特征及土地资源紧张有内在联系;第四,江淮地区沿海区域及长江、淮河上游的乡村人居环境质量比长江、淮河中下游人居环境质量整体水平要高,这反映了江淮地区作为一个特定的地理区域,在对湖泊水系的利用程度和对旱涝灾害的治理能力两个方面具有较大差距。

② 江淮地区乡村人居环境满意度方面,江淮地区村民对乡村人居环境的满意度较高,主要体现在村民对政府实施的政策及农村建设现状是满意的,同时村民对本村的生态环境评价较高,但对教育与医疗设施的满意度不高,这也是促使部分村民不愿留在农村居住的主要原因。

③ 江淮地区的地域空间、居住质量、经济发展、基础设施和公共服务设施及生态环境多个因素叠加分析得出其乡村人居环境质量差异较明显,发展阶段较明晰。总体看,江淮地区大部分农村地区处于基本生活设施建设阶段的后期和农村环境治理阶段的中前期,而江淮地区乡村人居环境的质量空间差异主要受农村的经济发展水平、基础设施实施情况和居住质量等因素影响。

④ 通过对江淮地区乡村人居环境满意度评价的分析,可以看到有 57.26% 的村民对乡村人居环境满意或非常满意,说明虽然乡村人居环境质量仅处于设施建设与环境治理阶段之间,总体水平较低,但村民对农村的感情仍旧很深,乡村人居环境建设的群众基础相当牢固,这有利于倡导村民加入乡村人居环境建设,促进乡村人居环境的可持续发展。

第7章 江淮乡村类型及人居环境特征

江淮乡村人居环境呈现自然环境良好、空间差异分明、建设模式多样的特点。本章依据地形地貌特征将江淮乡村人居环境划分为皖西山地区、江淮丘陵区、苏中平原区、沿淮庄圩区、沿江圩畈区五大区域类型,从空间布局、产业发展、乡村建设三个方面总结江淮乡村人居环境特征,并分析典型乡村样本,研究具有代表性和典型性。

7.1 江淮乡村类型

影响乡村人居环境发展的因素众多,如地形地貌、自然资源等自然因素,人口、文化等人文因素,区位、产业等经济因素,以及政策法规等政策因素,不同的影响因素使乡村人居环境呈现出不同的特征,也使得乡村类型的划分具有多种标准。目前的分类研究多从空间、地理、经济、社会、村庄等维度来划分属性,根据不同维度下的空间区位、地形地貌、产业类型、历史文化、乡村规模等不同属性来划分乡村类型。

其中,地形地貌是地理维度中的重要属性,依据地形地貌差异可将乡村划分为山区地区型、丘陵地区型、平原地区型、水网地区型等不同类型。地形直接影响了乡村的整体聚落形态,地貌则直接影响了乡村第一产业的发展,在地形地貌的综合作用下,不同区域的人居环境特征有所不同,例如,在山地地区,乡村聚落规模往往较小,分布较为分散,产业以林业为主;在水网地区,乡村聚落通常因水势分布,且渔业往往是重要的产业类型;在平原地区,村落聚集性强,农田多集中成片。因此,地形地貌是影响乡村人居环境的重要因素,不同地形地貌区域的乡村聚落形态、产业结构、土地利用、建筑与景观风貌会呈现不同的特征。

依据地形地貌对江淮乡村人居环境类型进行划分,更具典型性和代表性。江淮地区地形地貌复杂多样,地形自西向东依次为"山地—丘陵—平原",河流水系呈现出典型的南北过渡特点,形成了丰富的乡村人居环境建设模式。之所以选择依据地形地貌属性对江淮乡村进行分类,一方面是因为区内自东向西地形地貌变化丰富,选择不同地形地貌特征下的代表性乡村样本进行分析,更能体现出各类型区域的典型乡村人居环境特色,彰显江淮地区的乡村多样性,具有重要的研究意义;另一方面,江淮地区位于长江与淮河两大水系之间,受两大水系影响,具有典型的南北过渡特征,其人居环境也表现出南北兼具的特征,是全国具有代表性的区域,依据地形地貌进行划分,对于乡村人居环境研究具有一定代表性意义。

依据江淮地区的山地、丘陵、平原等不同地形地貌特征,可将江淮乡村分为皖西山地区、江淮丘陵区、苏中平原区、沿淮庄圩区、沿江圩畈区五大区域类型(图 7-1、表 7-1)。

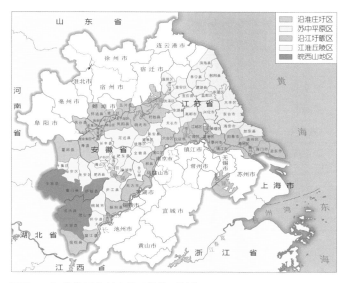

图 7-1　江淮地区乡村人居环境类型划分

表 7-1　江淮地区乡村人居环境类型划分

类型	地区(市、州、盟)	县(市、区、旗)
皖西山地区	安庆市	潜山市、太湖县、岳西县
	六安市	霍山县、金寨县、舒城县
江淮丘陵区	安庆市	怀宁县、桐城市
	六安市	金安区、叶集区、裕安区
	合肥市	蜀山区、庐阳区、瑶海区、包河区、巢湖市、长丰县、肥东县、肥西县、庐江县
	滁州市	琅琊区、南谯区、天长市、来安县、全椒县、定远县
	马鞍山市	含山县

类型	地区(市、州、盟)	县(市、区、旗)
苏中平原区	淮安市	洪泽区、淮安区、淮阴区、金湖县、清江浦区
	盐城市	亭湖区、大丰区、盐都区、滨海县、阜宁县、射阳县、建湖县、东台市
	扬州市	宝应县、高邮市
	泰州市	海陵区、姜堰区、兴化市
	南通市	海安县、如东县
沿淮庄圩区	六安市	霍邱县
	淮南市	八公山区、大通区、凤台县、潘集区、田家庵区、谢家集区、寿县
	蚌埠市	蚌山区、禹会区、淮上区、龙子湖区、五河县、怀远县
	滁州市	凤阳县、明光市
	淮安市	盱眙县
沿江圩畈区	安庆市	大观区、宿松县、望江县、宜秀区、迎江区
	铜陵市	枞阳县
	芜湖市	鸠江区二坝镇、无为市
	马鞍山市	和县
	南京市	六合区、浦口区
	泰州市	高港区、靖江市、泰兴市
	扬州市	广陵区、邗江区、江都区、仪征市
	南通市	崇川区、通州区、海门区、启东市、如皋市、海门市

7.2 江淮乡村人居环境特征

7.2.1 皖西山地区

1) 区域乡村发展概况

　　截至 2017 年年底,皖西山地区共计 117 个乡(镇),1 277 个行政村,29 974 个自然村,平均每个行政村分布 23 个自然村,近年来区内 86% 的行政村的自然村数量无变化,其余行政村的自然村多因生态扶贫、集中新建区等原因产生数量变化(图 7-2)。该区共有户籍人口 333.3 万人,常住人口 283.8 万人,区域平均人口流出比 0.15,低于全国乡村人口流出比 0.29(据 2019 年数据统计)(图 7-3),人口流出相对较少；乡村 60 岁以上人口占 18％（图 7-4），低于全国乡村 60 岁以上人口占比 20％（据 2018 年数据统计）。乡村人均可支配收入 7 533 元（图 7-5），较全国乡村人均可支配收入低 5 899 元。人均建设用地面积约 287 平方米/人，远超过了国家规定的土地使用标准 150 平方米/人（图 7-6），土地利用较为低效。

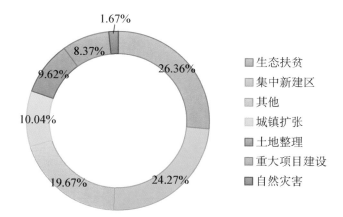

图 7-2　皖西山地区自然村数量变化的影响因素
资料来源：根据 2017 年全国乡村人居环境数据库绘制。

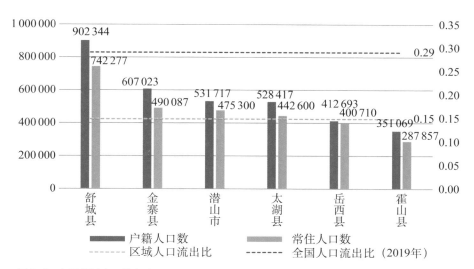

图 7-3　各县(区)人口流出比
资料来源：根据 2017 年全国乡村人居环境数据库绘制。

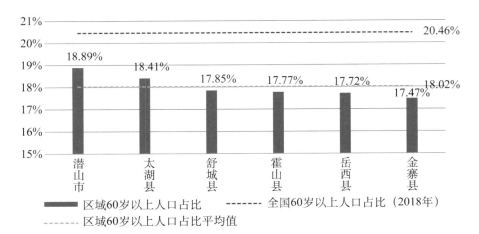

图 7-4　各县(区)老龄化情况
资料来源:根据 2017 年全国乡村人居环境数据库绘制。

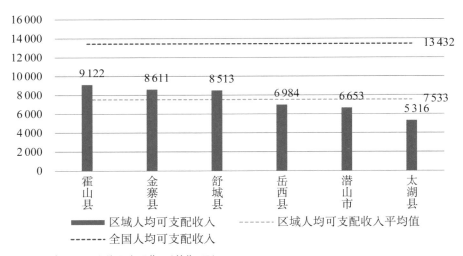

图 7-5　各县(区)人均可支配收入(单位:元)
资料来源:根据 2017 年全国乡村人居环境数据库绘制。

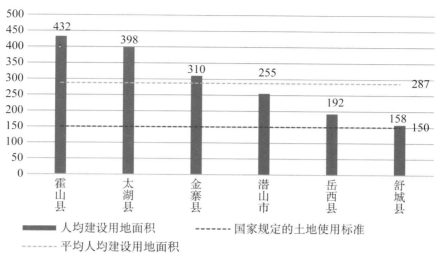

图 7-6　各县(区)人均建设用地面积(单位:平方米)
资料来源:根据 2017 年全国乡村人居环境数据库绘制。

2) 乡村空间布局

　　皖西山地区主要包括在安徽境内位于江淮之间的大别山山脉,地跨六安市的大部分地区和安庆市的部分地区,最高海拔位于霍山县的白马尖,海拔高为1 777 米。区域内以山地地貌为主,地势由东南向西北倾斜,依次可分为中山、低山和丘陵畈区,一些小型河谷盆地分布其间,季风气候明显,垂直地域差异变化大。

　　地势低洼的山谷地区发育有河漫滩,但河漫滩易在多雨季节遭受洪涝灾害,因此大部分乡村依山傍水集聚在山谷地势相对较高的区域,既使乡村免受洪涝灾害的侵蚀,同时又有利于营造良好的人居环境。区内乡村主要沿山谷或山麓地带分布,大多位于靠近农田的大路边或地势较为平坦的山谷或山麓地区,多呈线状或散点,聚落规模普遍较小,彼此距离相对较远(图 7-7)。特殊的地理环境使皖西山地的乡村多依山而建、依水而居、依路而兴,形成了特色的"八山半水半分田,一分道路和庄园"的布局特征。

3) 乡村产业发展

　　山地和林地众多的自然地理特征为皖西山地的乡村提供了丰富多样的农林特产资源,形成了以水稻为代表的种植业,加以桑蚕、板栗、茧丝绸、名优茶、木本

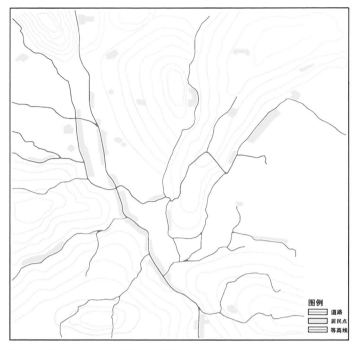

图 7-7　皖西山地典型村落空间肌理
资料来源：作者绘制。

油料、中药材等为代表的特色经济作物为主的农业结构，为皖西山地带来了"江
淮粮仓""茶药宝库""丝绸之府"等美誉。同时，该区受地域、交通等因素限制，工
农联动不足，农产品以初级产品输出为主，精深加工不多，基本处于传统农业发
展阶段，规模化、组织化、商品化程度低，需要向现代产业升级转型，例如，将山区
农业的产品供给与服务提供有机结合，形成特色产业，做强农业特色，拓展二三
产业，开发出山区致富的新路。

4）乡村人居环境建设

　　以山地为主的地形特征使得皖西乡村往往耕地较少、林地较多，且居民点规
模普遍偏小，分布较散，传统农业生产地和居民点之间距离也较远。这些特征使
得皖西山区乡村的基础设施和公共设施建设难度与成本更高，如乡村分散导致
需要建设的乡村道路过长，市政线路铺设的配套成本高昂，供水、电力、有线电
视、垃圾收集等民生设施也面临同样的高成本问题。

村民住房方面,该区平均住房空置率为 5％,低于全国空置率 14％(图 7-8)。由于山地地形的特殊性,村民更关注住房的选址安全和质量安全(图 7-9)。

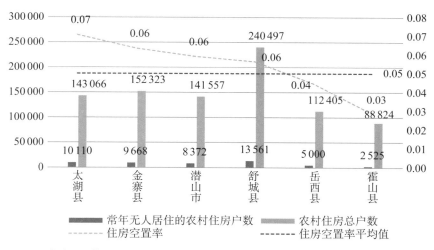

图 7-8　住房空置情况(单位:户)
资料来源:根据 2017 年全国乡村人居环境数据库绘制。

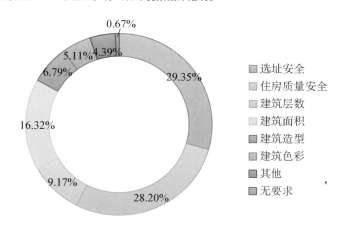

图 7-9　住房需求
资料来源:根据 2017 年全国乡村人居环境数据库绘制。

基础设施方面,该区整体基础设施状况较差。在道路建设上,70％自然村已经实现通村路或村内道路硬化,道路状况良好。该区只有 28％的自然村安装路灯(图 7-10),整体照明安全需改善;在供水设施上,大部分乡村实现集中供水(74％);在排水方面,10％的行政村排水设施在自然村实现全覆盖,38％的行政村无排水设施;在污水处理上,58％的自然村无污水处理设施。并且由于地形限制,污水处理设施多为乡村集中处理设施,少数污水排入城镇污水管网;在通信上,70%的自然村已经通宽带(图7-11);在垃圾处理上,该区有73%的乡村垃圾转运至城镇处理,但各家各户自行解决或村内简易填埋、焚烧的情况也相对较多,对山区生态环境产生了一定的负面影响。

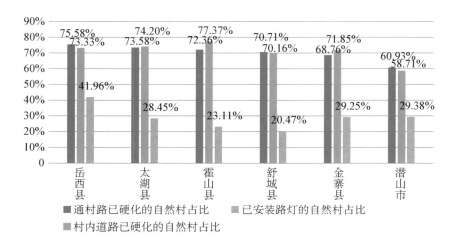

图 7-10　乡村道路状况
资料来源:根据 2017 年全国乡村人居环境数据库绘制。

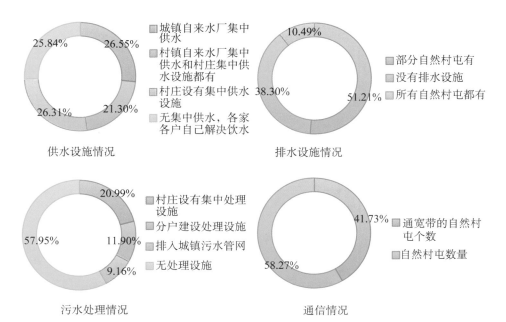

图 7-11　市政设施情况
资料来源:根据 2017 年全国乡村人居环境数据库绘制。

　　环境景观方面,73％的乡村及周边水体清洁干净,27％的乡村仍存在少数
黑臭水体,影响乡村整体人居环境;在村庄绿化上,88％的乡村村内绿树成荫,
树木随处可见,其中公共场所、道路绿化情况较好,但住宅绿化有待提升
(图7-12)。

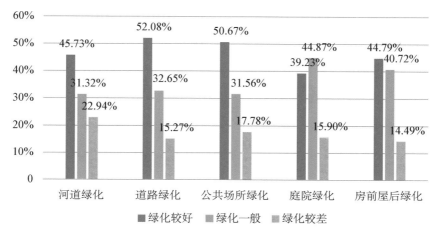

图7-12　乡村绿化情况
资料来源:根据2017年全国乡村人居环境数据库绘制。

　　皖西山地区在居民点布置、产业发展、基础设施提升等方面都需大力发展。
为此,应科学编制规划引导山区居民点布局工作,进一步做好山区移民安置工
作;依托山区经济特点,大力发展山区生态经济,在保护生态环境基础上提升居
民生计可持续发展水平;结合山区地形地貌特点,合理布局公共服务和基础设
施,加大乡村交通、水利等社会事业的投入力度,改善人居环境。

7.2.2　江淮丘陵区

1) 区域乡村发展概况

　　截至2017年底,江淮丘陵区共计226个乡(镇),2 982个行政村,61 137个
自然村,平均每个行政村分布20个自然村,近年来区内85％行政村的自然村数
量无变化,其余行政村的自然村多因土地整理、重大项目建设、集中新建区等原
因发生数量变化(图7-13)。该区共有户籍人口1 003.9万人,常住人口858.9万

人,区域平均人口流出比 0.14,低于全国乡村人口流出比 0.29(据 2019 年数据统计)(图 7-14),人口流出相对较少;乡村 60 岁以上人口占比 19%,低于全国 60 岁以上人口占比 20%(据 2018 年数据统计)(图 7-15)。乡村人均可支配收入 10 266 元,较全国乡村人均可支配收入低 3 166 元(图 7-16)。人均建设用地面积 340 平方米/人,远超过了国家规定的土地使用标准 150 平方米/人(图 7-17),土地利用较为低效。

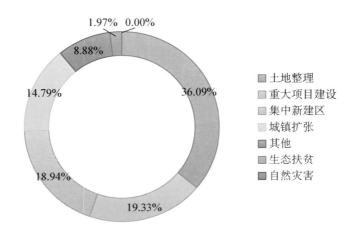

图 7-13 江淮丘陵区自然村数量变化的影响因素
资料来源:根据 2017 年全国乡村人居环境数据库绘制。

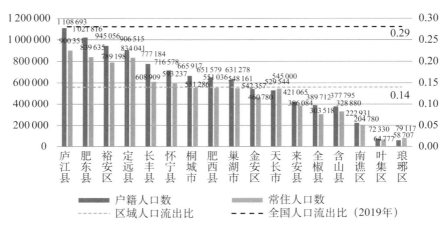

图 7-14 各县(区)人口流出比
资料来源:根据 2017 年全国乡村人居环境数据库绘制。

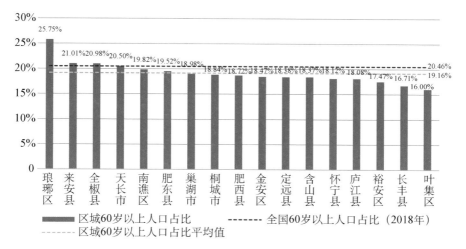

图 7-15　各县(区)老龄化情况
资料来源:根据 2017 年全国乡村人居环境数据库绘制。

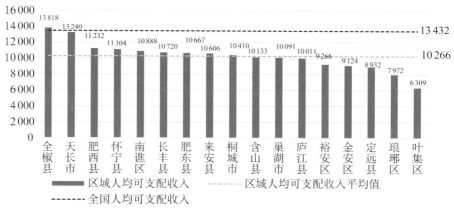

图 7-16　各县(区)人均可支配收入(单位:元)
资料来源:根据 2017 年全国乡村人居环境数据库绘制。

2) 乡村空间布局

　　江淮丘陵区主要位于江淮地区中部,淮北平原以南,沿江平原以北,地形主要以丘陵和岗地为主,中间有河谷平原和台地,区内地形顺大别山东麓延伸,西高东低,丘陵起伏,岗冲交错,地形破碎。受地形地貌条件的影响,该区乡村聚落多为散点的簇状,林、田、宅、丘交错分布,村庄规模中等,相互距离适中(图 7-18)。居民点分布方面,在道路便利处,居民点多呈带状,在农田集中处,居民点多呈簇状;耕地分布方面,由于地形破碎,该区农田往往分散,或在盆地谷

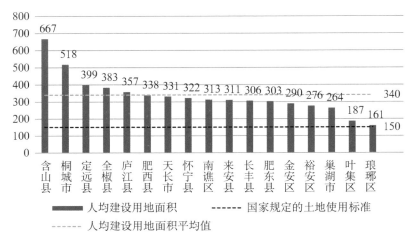

图 7-17　各县(区)人均建设用地面积(单位:平方米)
资料来源:根据 2017 年全国乡村人居环境数据库绘制。

带中小规模集中,或零散镶嵌于丘陵各处,一般不会像平原地区一样大规模集中
分布;水系方面,特殊地形条件下,使得江淮丘陵分布众多塘堰、水塘,增加了乡
村的蓄水空间,同时,分散的水塘也影响了居民点的布局;建筑特色方面,该区乡
村宅院在平面布局上往往更加紧凑,外形较规整(张承宏,2020)。

图 7-18　江淮丘陵典型村落空间肌理
资料来源:作者绘制。

3) 乡村产业特色

该区粮食作物种植历史悠久,农林牧渔并重,主要有水稻、小麦、玉米、甘薯、大豆等粮食作物,棉花、油料、麻类等经济作物,是安徽省粮、油、肉、奶、菜的主要产区之一。但是,江淮丘陵区易旱的条件一定程度上影响了传统农业的发展,农业种植受限,且畜牧养殖往往规模较小。为了强化当地优势,该区大力发展设施农业、生态农业、精品农业,重点发展优质禽类、水产、蔬果等,并形成乡村旅游、农产品精加工等特色产业。

4) 乡村人居环境建设

在农田灌溉上,该区农业生产主要集中在丘陵岗地,丘陵岗地的农作物往往易旱易渍,水利设施则成为基础设施建设重点,以蓄为主,蓄、引相结合的小流域综合治理是常见的方式,历史悠久的塘坝便是该区农田灌溉的主要形式。

村民住房方面,该区平均住房空置率为 10%,低于全国空置率 14%(图 7-19)。村民对住房建设的主要关注点依次为质量安全、选址安全、建筑面积三个方面(图 7-20)。

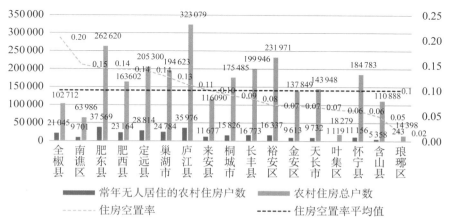

图 7-19　住房空置情况

资料来源:根据 2017 年全国乡村人居环境数据库绘制。

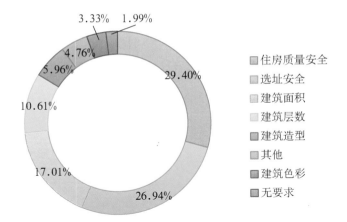

图 7-20 住房需求
资料来源:根据 2017 年全国乡村人居环境数据库绘制。

　　基础设施方面,该区整体基础设施状况良好。在道路建设上,70％以上自然村已经实现通村路及村内道路硬化,道路状况良好。有 26％的自然村安装路灯(图 7-21),整体照明安全需改善。在供水设施上,大部分乡村实现集中供水(75％);在排水方面,存在一半左右的自然村无排水设施,所有自然村都有排水设施的行政村仅有 14％;在污水处理上,大部分乡村无污水处理设施(71％),污水处理状况较差;在通信上,71％的自然村已经通宽带(图 7-22);在垃圾处理上,该区基本实现垃圾转运至城镇处理的处理方式,对乡村环境造成的负面影响较小。

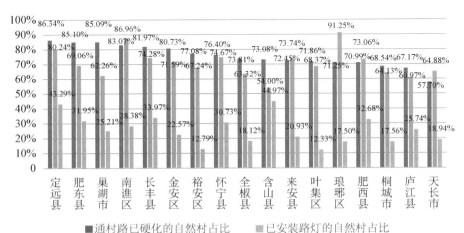

图 7-21 乡村道路状况
资料来源:根据 2017 年全国乡村人居环境数据库绘制。

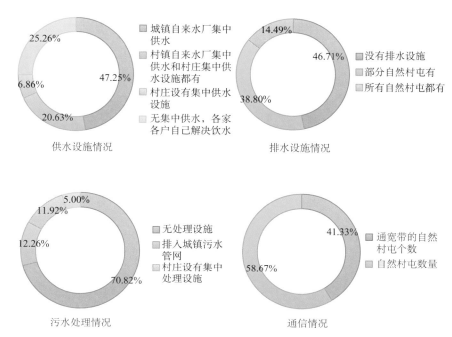

供水设施情况

25.26%
6.86%
20.63%
47.25%

■ 城镇自来水厂集中
供水
■ 村镇自来水厂集中
供水和村庄集中供
水设施都有
■ 村庄设有集中供水
设施
■ 无集中供水，各家
各户自己解决饮水

排水设施情况

14.49%
46.71%
38.80%

■ 没有排水设施
■ 部分自然村屯有
■ 所有自然村屯都有

污水处理情况

5.00%
11.92%
12.26%
70.82%

■ 无处理设施
■ 排入城镇污水
管网
■ 村庄设有集中
处理设施

通信情况

41.33%
58.67%

■ 通宽带的自然
村屯个数
■ 自然村屯数量

图 7-22　市政设施情况
资料来源：根据 2017 年全国乡村人居环境数据库绘制。

环境景观方面，由于该区对水资源的重视，大部分乡村及周边水体清洁干净，水域状况良好；在村庄绿化上，受丘陵地区自然环境影响，植被覆盖率较低，使得村民注重乡村的绿化环境提升，积极植树造林，但河道绿化亟须进一步提升（图 7-23）。

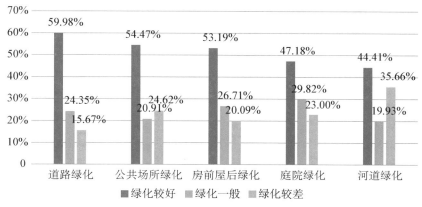

图 7-23　乡村绿化情况
资料来源：根据 2017 年全国乡村人居环境数据库绘制。

　　江淮丘陵区在空间治理、产业发展、基础设施建设等方面都有待提升。为此,地方政府需加强用地规划与管制,控制空置住房的继续增加,对经评估严重老化到无法居住的房屋,向自行拆除者补贴一定比例的费用;对于发展受限的传统农业,需进行优化升级,鼓励发展现代农业、乡村旅游;乡村发展与农业灌溉之间争水矛盾非常突出,需加强农村水利基础设施建设,提高抗旱应急能力。

7.2.3　苏中平原区

1) 区域乡村发展概况

　　截至2017年底,苏中平原区共计290个乡(镇),4 248个行政村,44 776个自然村,平均每个行政村分布11个自然村,近年来区内97%行政村的自然村数量无变化,其余行政村的自然村多因土地整理、重大项目建设、集中新建区等原因产生数量变化(图7-24)。该区共有户籍人口1 235.5万人,常住人口1 113.2万人,区域平均人口流出比0.10,低于全国乡村人口流出比0.29(据2019年数据统计)(图7-25),人口流出相对较少;但乡村60岁以上人口占23%(图7-26),高于全国乡村60岁以上人口占比20%(据2018年数据统计),老龄化现象较为严重。乡村人均可支配收入16 506元,较全国乡村人均可支配收入高3 074元(图7-27)。人均建设用地面积253平方米/人,超过了国家规定的土地使用标准150平方米/人(图7-28),土地利用较为低效。

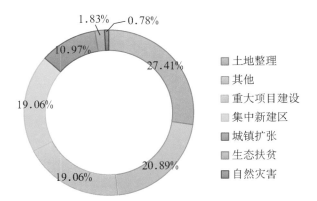

图7-24　苏中平原区自然村数量的变化影响因素
资料来源:根据2017年全国乡村人居环境数据库绘制。

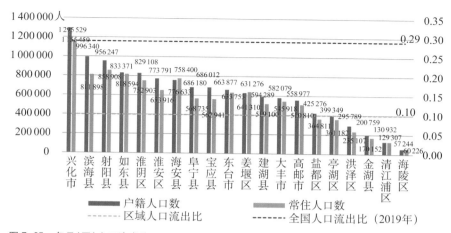

图 7-25　各县(区)人口流出比

资料来源:根据 2017 年全国乡村人居环境数据库绘制。

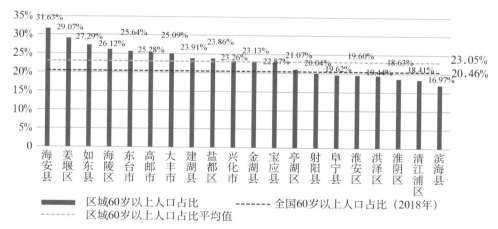

图 7-26　各县(区)老龄化情况

资料来源:根据 2017 年全国乡村人居环境数据库绘制。

2) 乡村空间布局

里下河地区位于江苏省中部,西起里运河,东至串场河,北自苏北灌溉总渠,南抵老通扬运河,是苏中平原的重要组成部分。该区地形四周高中间低,地下水位高,湖荡相连,人工水网稠密,是著名的"水乡泽国",其水网密布的特点,对乡村布局产生了重大影响。

区内村落水系常有内外河之分,内外河以围绕聚落的圩堤为分界线,内外河

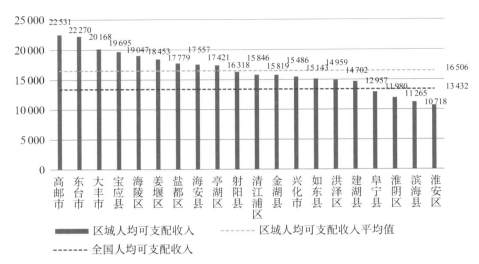

图 7-27　各县(区)人均可支配收入(单位:元)
资料来源:根据 2017 年全国乡村人居环境数据库绘制。

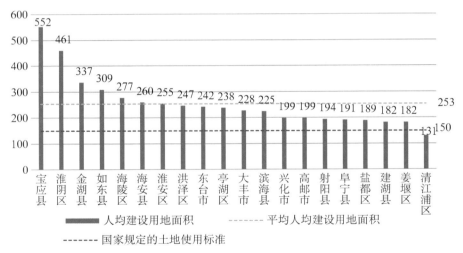

图 7-28　各县(区)人均建设用地面积(单位:平方米)
资料来源:根据 2017 年全国乡村人居环境数据库绘制。

之间设置水闸,以防被淹。过去,内外河道通畅,水运是该区乡村重要的出行方式,民居临水一侧设置的水埠便是村落布局的特色之一,同时,村落内部道路分为街、巷、弄三个等级,道路和水网共同组成了富有秩序的"路 + 水"网状交通体系。

　　在河道四通八达处,乡村聚落沿水系呈团块型、条带型、散点型等形态,受地形影响,滨河的道路或建筑与水面之间往往保持一定间距,间距内往往用作菜地,因此该区乡村的民居建筑一般并不直接亲水。基于对水路的依赖,水系交汇处的聚落较多,但随着陆路交通的发展,聚落逐渐沿水系向交通便捷处蔓延(图 7-29)。而人工渠道纵横处,往往岸线整齐有序,水网交错,成片的大规模农田占多数,聚落规则地沿线性的道路或渠道生长,不同于上述的自由生长方式,网格状的乡村聚落布局方式是该区最典型的特征。

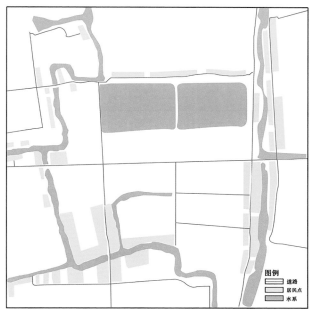

图 7-29　苏中平原典型村落空间肌理
资料来源:作者绘制。

　　同时,"垛田"是里下河平原特殊的农田布局方式(图 7-30),在洪涝灾害的威胁下,乡村居民开渠排水,挖沟堆垛,境内出现高墩状的土地利用方式,呈现沟渠纵横、高垛绵延的地貌景观,乡村聚落点染在湖荡港汊间的高墩上,形成具有地域特色的"垛田"景观(胡玫,2018)。

3) 乡村产业发展

　　苏中平原物产丰饶,是全国水稻、棉花、油菜基地,盛产粮、油、禽蛋、畜产品、

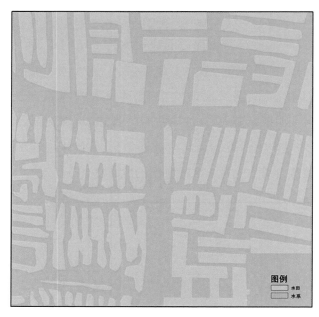

图 7-30　苏中平原垛田空间肌理
资料来源：作者绘制。

水产品、水生植物等绿色食品，并发展了养殖业，还有大规模植树造林、滩涂开发
等，凭借其自然条件优势，滨水自然风貌与渔业生产形成的产业风貌相互映衬，
塑造了独特的乡村产业空间风貌景观。

4）乡村人居环境建设

　　地形地貌的负面影响和生活方式的转变是苏中平原乡村人居环境面临的
难题。苏中平原集平原、洼地、水乡和临海等多种地形于一体，洪涝、地面沉
降、水质污染都是该区长期以来面对的重要问题。同时，该地区乡村发展对于
水系依赖性的下降、生产生活方式的转变，给经济社会结构、市政设施、生态
环境、居民点建设等带来了很大改变，如为了降低基础设施投入成本，乡村
建设往往强调集中，道路网的建设也时常忽略与原有水系的关系，导致地域
特色丧失。

　　村民住房方面，该区平均住房空置率为 5%，低于全国空置率 14%
（图 7-31）。村民对住房建设的主要关注点依次为住房质量安全、选址安全、建筑
面积三个方面（图 7-32）。

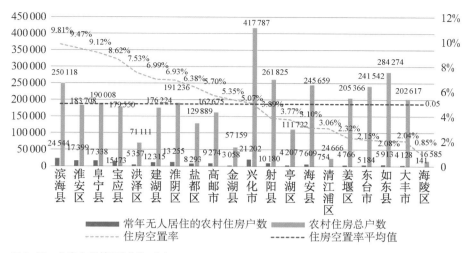

图 7-31 住房空置情况(单位:户)
资料来源:根据 2017 年全国乡村人居环境数据库绘制。

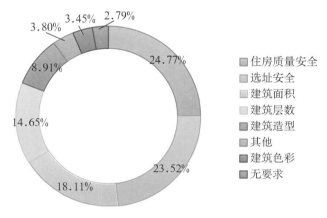

图 7-32 住房需求
资料来源:根据 2017 年全国乡村人居环境数据库绘制。

　　基础设施方面,该区基础设施状况整体较好。在道路建设上,85%以上的自然村已经实现通村路或村内道路硬化,道路状况良好。该区有 41%的自然村安装路灯(图 7-33),整体照明安全仍需改善;在供水设施上,99%的乡村已经实现集中供水,并且大部分乡村为城镇自来水厂集中供水,供水状况良好;在排水方面,57%的行政村实现了所有自然村都有排水设施;在污水处理上,污水处理设施多将污水排入城镇污水管网,有 56%的乡村无污水处理设施;在通信上,92%的自然村已经通宽带,基本实现通信全覆盖(图 7-34);在垃圾处理上,93%的乡村垃圾转运至城镇处理,基本没有垃圾露天摆放的情况。

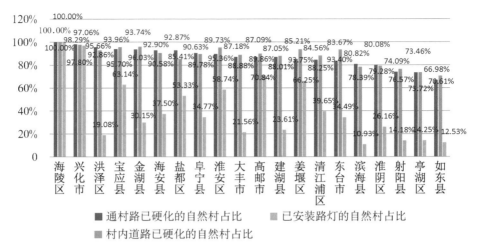

图 7-33　乡村道路状况
资料来源:根据 2017 年全国乡村人居环境数据库绘制。

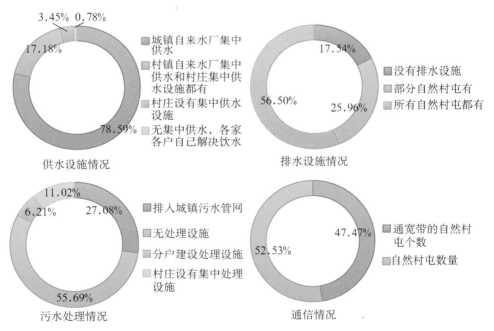

图 7-34　市政设施情况
资料来源:根据 2017 年全国乡村人居环境数据库绘制。

　　环境景观方面,81%的乡村及周边水体清洁干净,18%的乡村仍存在少数黑臭水体,影响乡村整体人居环境。在村庄绿化上,该区整体绿化状况较好,其中道路绿化尤为突出(图 7-35)。

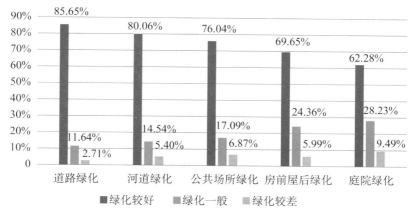

图 7-35　乡村绿化情况
资料来源：根据 2017 年全国乡村人居环境数据库绘制。

　　苏中平原区是江淮地区发展较好的类型区域，在现状发展较好的基础上，需进一步提高养老设施配套。为此，通过创新养老模式，优化乡村养老设施配置，完善乡村养老服务功能体系，推进乡村养老事业的发展。

7.2.4　沿淮庄圩区

1) 区域乡村发展概况

　　截至 2017 年底，沿淮庄圩区共计 172 个乡（镇），2 208 个行政村，24 337 个自然村，平均每个行政村分布 11 个自然村，近年来区内 89％行政村的自然村数量无变化，其余行政村的自然村多因土地整理、集中新建区、重大项目建设等原因发生数量变化（图 7-36）。该区共有户籍人口 722.4 万人，常住人口 632.4 万人，区域平均人口流出比 0.12，低于全国乡村人口流出比 0.29（图 7-37），人口流出相对较少；乡村 60 岁以上人口占 17％（图 7-38），低于全国乡村 60 岁以上人口占比 20％（据 2018 年数据统计）。该区乡村人均可支配收入 8 673 元（图 7-39），较全国乡村人均可支配收入低 4 759 元。该区人均建设用地面积 213 平方米/人（图 7-40），超过了国家规定的土地使用标准 150 平方米/人，土地利用较为低效。

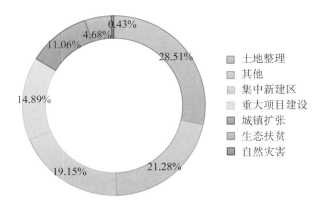

图7-36　沿淮庄圩区自然村数量变化原因
资料来源:根据2017年全国乡村人居环境数据库绘制。

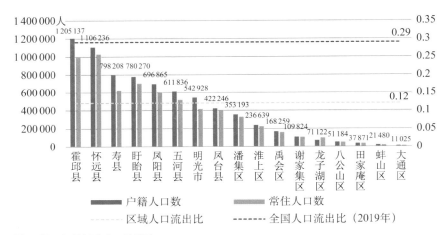

图7-37　各县(区)人口流出比
资料来源:根据2017年全国乡村人居环境数据库绘制。

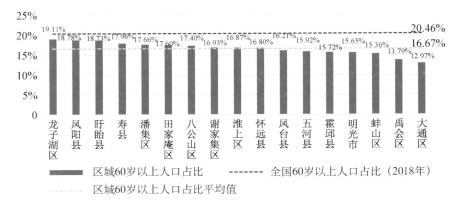

图7-38　各县(区)老龄化情况
资料来源:根据2017年全国乡村人居环境数据库绘制。

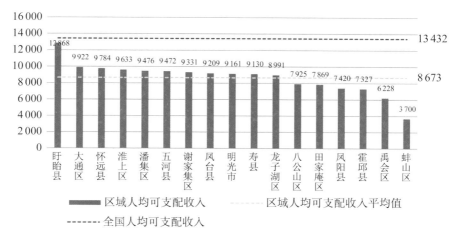

图 7-39　各县(区)人均可支配收入(单位:元)
资料来源:根据 2017 年全国乡村人居环境数据库绘制。

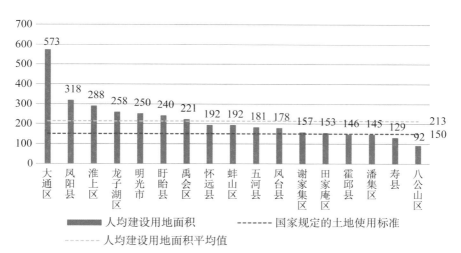

图 7-40　各县(区)人均建设用地面积(单位:平方米)
资料来源:根据 2017 年全国乡村人居环境数据库绘制。

2)乡村空间布局

　　沿淮庄圩区是指淮河干流两岸地区,具体范围包括阜阳市临泉县、阜南县和颖上县,六安市霍邱县和寿县,淮南全市(包括凤台县和市区),蚌埠全市(怀远县、固镇县、五河县和市区)和滁州的明光市和凤阳县等地(图 7-41)。该地区拥有丰富的自然资源和良好的气候条件,适宜各类农作物生长。耕地总量大,农业种植以旱生作物为主,农作物以小麦、大豆、水稻、山芋、玉米为主,经济作物以棉

花、花生、油菜、果蔬为主,这一地区历来是我国重要的粮食产区,素有"粮仓"的
美誉。该区地形地貌特征除淮河干流外,两岸分布着一连串的湖泊洼地,地形大
平小不平,岗冲交错,水系复杂,除淮河的 4 处蓄洪区、17 处行洪区和一系列的生
产圩堤保护区外,还有若干个一般堤防保护区,有些湖泊洼地还在淮北大堤保护
范围内(表 7-2)。

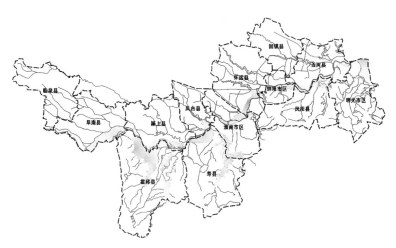

图 7-41   淮河干流两岸地区范围
资料来源:蚌埠市规划设计研究院。

表 7-2   淮河干流现状行蓄洪区基本况表

名称			面积(平方千米)	库容(亿立方米)	耕地(万平方公顷)
蓄洪区	1	濛洼	180.40	7.50	1.20
	2	城西湖	517.00	28.80	2.71
	3	东城湖	380.00	15.30	1.67
	4	瓦埠湖	776.00	11.50	4.01
小计			1 853.40	63.10	9.59
行洪区	1	南润段	10.70	0.64	0.08
	2	邱家湖	36.97	1.67	0.24
	3	姜唐湖	145.95	7.60	0.78
	4	寿西湖	161.50	8.54	0.92
	5	董峰湖	40.10	2.26	0.33
	6	上六坊堤	8.80	0.46	0.07
	7	下六坊堤	19.20	1.10	0.14

(续表)

名称			面积(平方千米)	库容(亿立方米)	耕地(万平方公顷)
行洪区	8	石姚段	21.30	1.16	0.18
	9	洛河洼	20.20	1.25	0.17
	10	汤渔湖	72.70	3.98	0.50
	11	荆山湖	72.10	4.75	0.57
	12	方邱湖	77.20	3.29	0.56
	13	临北段	28.40	1.08	0.20
	14	花园湖	218.30	11.07	1.04
	15	香浮段	43.50	2.03	0.39
	16	潘村圩	164.90	6.87	1.14
	17	鲍集圩	153.40	5.95	0.80
小计			1 295.22	63.70	8.11
合计			3 148.62	126.80	17.70

资料来源:蚌埠市规划设计研究院。

　　淮河是淮河流域的母亲河,沿淮居民世世代代在求生存、图发展的漫长过程中离不开淮河。淮河的地形地貌特征使沿淮乡村形成了独特的乡村空间组织方式,区内地势平坦,淮河及其支流自然散布,因此村落多散布于交通较为便捷处或水系周边。村落多因宗族形成聚落,滨河地区的道路和聚落多沿河呈线性分布,平原地区的农田分布集中,聚落多沿路或随农田聚集呈块状分布,一般村落较规整且整体规模大,彼此距离较近。

　　淮河流域水系庞大,自西向东流,中游地势平缓,多湖泊洼地;下游地势低洼,大小湖泊星罗棋布,水网交错,渠道纵横,"两头高,中间低"的特殊的流域地形,导致部分地区水患频繁。淮河干流现有行蓄洪区 21 处,行蓄洪区既是蓄滞洪水的场所、防洪工程体系的重要组成部分,又是沿淮人民赖以生存发展的基地,形成了众多"庄圩"。习近平总书记于 2020 年 8 月 18 日赴安徽考察调研,察看淮河水情,使得沿淮地区的"庄台、保庄圩"的特殊布局形式广受关注。庄台、保庄圩都是诞生于国家治理淮河的进程中的特殊的防洪工程,其中,庄台(图 7-42)是指沿淮居民为抵御洪水,人工垒起的一些台基或以天然高地为基座,一次次垒高居住地,经年累月,形成的不易被洪水浸淹的庄台;保庄圩是指沿淮居民在居民点周围修筑的将村落整个包围起来的堤坝。与庄台相比,保庄圩建设面积往往更大,功能更齐全。而今,这两种淮河流域独特的村落形态,成为了沿淮地区的特色代名词。

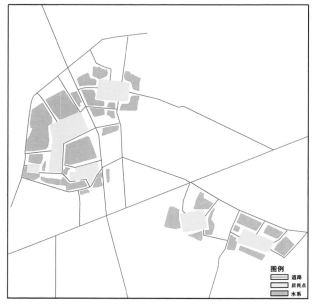

图 7-42　沿淮庄圩典型村落空间肌理
资料来源:作者绘制。

3) 乡村产业特色

　　庄圩区河网密布,农田广袤,物产丰富,是重要的粮食生产区。主要生产水稻、小麦等谷物,大豆、绿豆等豆类,花生、油菜籽等油料,茄果、白菜等蔬菜,西瓜、香瓜、草莓等瓜果,同时,庄圩区注重发展都市型农业,不断扩大蔬菜、水果、苗木的种植面积和水产的养殖面积。淮河水系纵横,该区在保障区域水环境质量前提下,注重发展淡水养殖业。但该区传统农业产业较为单一,需不断提高农业现代化水平。

4) 乡村人居环境建设

　　频繁的水灾严重影响了沿淮乡村的人居环境,给沿淮人民带来了深重的灾难,严重制约和阻碍了淮河沿岸地区乡村的发展。除洪涝灾害之外,生态环境涵养与污染治理、交通建设、基础的保障设施等也都是沿淮乡村的核心人居环境发展问题。例如,沿淮人民修建了各种类型的堤防、开展了垦殖等活动,形成了以防洪为主,兼顾除涝、发电、灌溉、航运、水产、水土保持等方面的综合建设。在行蓄洪区,利用沿河的湖泊洼地修建行洪堤,保护区内农业生产,同时,河道清碍,以扩大河道本身泄洪和排涝能力。

村民住房方面,该区平均住房空置率为 6%,低于全国空置率 14%(图 7-43);受水患影响,村民对住房建设的关注点主要为住房质量安全、选址安全(图 7-44)。

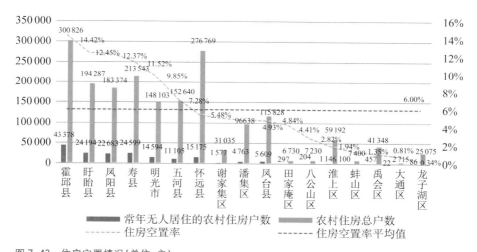

图 7-43 住房空置情况(单位:户)
资料来源:根据 2017 年全国乡村人居环境数据库绘制。

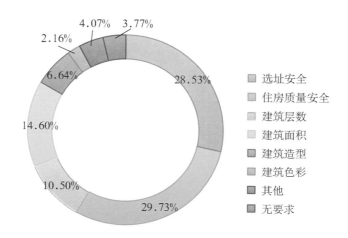

图 7-44 住房需求
资料来源:根据 2017 年全国乡村人居环境数据库绘制。

基础设施方面,该区基础设施状况整体一般。道路建设方面,80%左右的自然村已经实现通村路及村内道路硬化,道路状况良好。该区 39% 的自然村已安装路灯(图 7-45),整体照明安全有待改善。供水设施方面,39% 的乡村无集中供水,集中供水的乡村以城镇自来水厂集中供水居多;排水方面,56% 的自然村无排水设施,所有自然村都有排水设施的行政村仅有 14%;污水处理方面,81% 的乡村无污水处理设施,污水处理情况较差;通信方面,89% 的自然村已经通宽带(图 7-46);垃圾处理方面,75% 的乡村将垃圾转运至城镇处理,但仍存在 18% 的乡村无集中收集,由各家各户自行解决,对乡村环境造成负面影响。

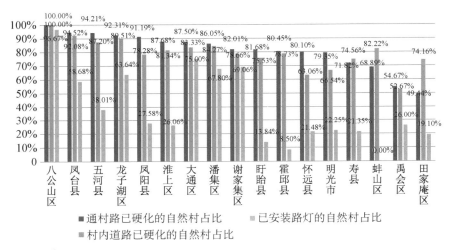

图 7-45　乡村道路状况
资料来源:根据 2017 年全国乡村人居环境数据库绘制。

环境景观方面,只有 43% 的乡村及周边水体清洁干净,高达 52% 的乡村存在少数黑臭水体,水体环境急需改善。在村庄绿化上,该区整体绿化状况较差,其中庭院绿化和河道绿化亟须改善(图 7-47)。

沿淮庄圩区在空间治理、经济发展、市政设施配套方面需大力发展。为此,对于行洪河道内的居民,应科学编制规划引导居民外迁,在提供最基本防洪安全保障的同时,保障其生活水平;频繁的水患、密集的人口分布制约该区的经济发展,需要加强土地集约化发展,促进农业规模化经营、集约化农业生产,提升劳动生产率;交通、通信基础设施相对完善,但在保障居民安全的基础上,需提高基础设施建设水平,加大对供水、排水、污水处理设施的投入。

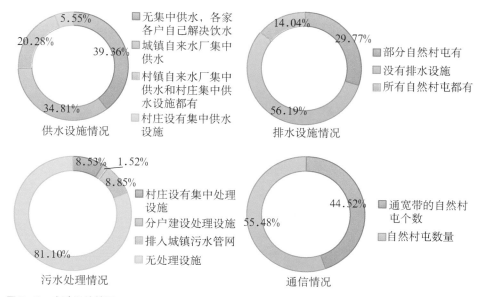

图 7-46　市政设施情况
资料来源:根据 2017 年全国乡村人居环境数据库绘制。

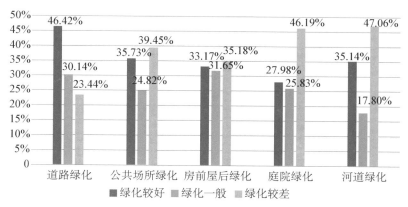

图 7-47　乡村绿化情况
资料来源:根据 2017 年全国乡村人居环境数据库绘制。

7.2.5　沿江圩畈区

1) 区域乡村发展概况

　　截至 2017 年年底,在乡村分布方面,沿江圩畈区共计 239 个乡(镇),3 234

个行政村,56 807 个自然村数量,平均每个行政村分布 17 个自然村,近年来区内
92%的行政村的自然村数量无变化,其余行政村的自然村多因重大项目建设、集
中新建区、城市扩张等原因产生数量变化(图 7-48)。该区共有户籍人口 1 168.1 万
人,常住人口 1 068.1 万人,区域平均人口流出比 0.09,低于全国乡村人口流出比
0.29(据 2019 年数据统计)(图 7-49),人口流出较少;乡村 60 岁以上人口占 22%
(图 7-50),高于全国乡村 60 岁以上人口占比 20%(据 2018 年数据统计),老龄化
现象较为严重。乡村人均可支配收入 15 461 元(图 7-51),较全国乡村人均可支
配收入高 2 029 元。人均建设用地面积约 333 平方米/人(图 7-52),远超过了国
家规定的土地使用标准 150 平方米/人,土地利用较为低效。

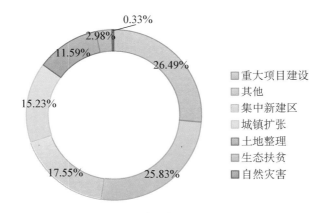

图 7-48 自然村数量的影响因素
资料来源:根据 2017 年全国乡村人居环境数据库绘制。

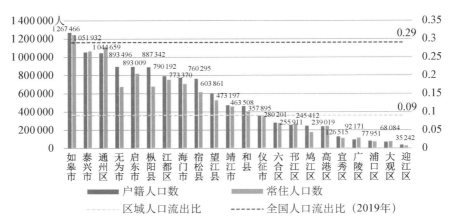

图 7-49 各县(区)人口流出比
资料来源:根据 2017 年全国乡村人居环境数据库绘制。

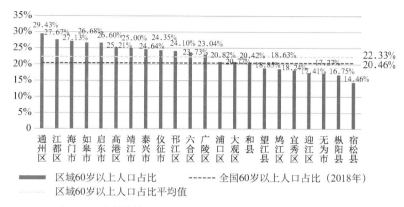

图 7-50　各县(区)老龄化情况

资料来源:根据 2017 年全国乡村人居环境数据库绘制。

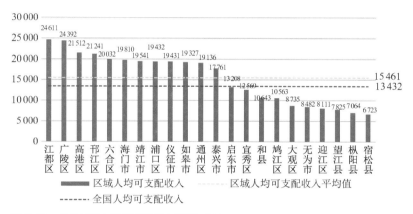

图 7-51　各县(区)人均可支配收入(单位:元)

资料来源:根据 2017 年全国乡村人居环境数据库绘制。

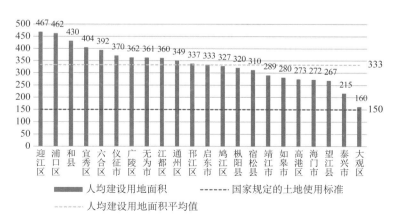

图 7-52　各县(区)人均建设用地面积(单位:平方米)

资料来源:根据 2017 年全国乡村人居环境数据库绘制。

2）乡村空间布局

沿江中下游地区地势低洼，水网发达，为了农业生产，沿江圩畈应运而生。圩畈亦称"围田"，是农民为改造沿江的低洼地，设堤、筑圩、围垦的种田方式，棋盘化的水网圩田格局便是沿江乡村最具特色的布局方式。为免受水淹之灾，民居多建于圩田的圩埂之上，住宅沿着狭长的带状圩坝建设，山墙相合、互为依靠，形成了"屋前小河屋后塘"、宅宅相依的乡村布局（图7-53）（李怡铭，2020）。聚落一般坐落于地势较高处，具有明显的亲水性，多沿圩埂成线性布局，或在水系交汇处聚集为块状。

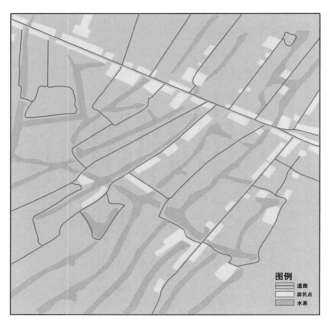

图 7-53　沿江圩畈典型村落空间肌理
资料来源：作者绘制。

3）乡村产业发展

在沿江圩畈区，圩田形态多为田字形、多边形、羽状及直条块状等，土地肥沃，旱涝无忧，粮油棉、瓜果菜种类丰富，并有鱼、蟹、虾、蚌、鳖等多种特色水产品。同时，该区的自然条件为棉花的生长提供了充足的水分和日照，使该区成为了著名的棉花高产区。

4）乡村人居环境建设

　　传统的圩田乡村实现了鱼米饮食和雨洪调节的高效能，并以此提升径流调节、生物多样性和滨水聚落审美等生态系统服务，为乡村带来了宜居的人居环境。人居环境较好的乡村，圩田往往与灌溉系统有机配合，形成完整的圩、湖、沟、塘、堰、坝等水利设施体系。但圩田使得该区乡村往往布局分散，聚落随田而生，农田种植难成规模，闲置废弃用地较多。随着社会发展，居民生活生产方式对自然水系的依赖性下降，聚落建设面临着特色性逐渐消失的问题。同时，不适当的乡村建设和过度的圩田开发会对生态环境造成严重影响，泥沙淤积导致河湖床增高，与水争地导致湖泊萎缩、湿地减少，圩区洪涝灾害加剧，人与自然关系失调。因此，推动圩畈区乡村建设必须严守生态保护红线，保护水环境，坚持人口与资源环境相均衡、经济社会与生态效益相统一，打造集约高效生产空间，营造宜居适度生活空间，保护山清水秀生态空间，延续人和自然有机融合的乡村空间关系（陈麦池，2020）。

　　村民住房方面，该区平均住房空置率仅为 6％，低于全国空置率 14％（图 7-54）。村民对住房建设的主要关注点依次为选址安全、质量安全和建筑面积三个方面（图 7-55）。

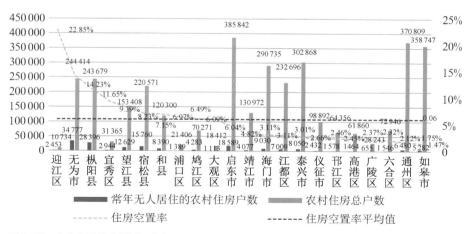

图 7-54　住房空置情况（单位：户）
资料来源：根据 2017 年全国乡村人居环境数据库绘制。

　　基础设施方面，该区基础设施建设状况整体较好。在道路建设上，80％以上的自然村已实现通村路或村内道路硬化，道路状况较好。有 53％的自然村已配

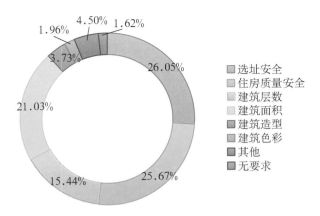

图 7-55　住房需求
资料来源：根据 2017 年全国乡村人居环境数据库绘制。

置路灯（图 7-56），整体照明状况良好，可还需进一步完善；在供水设施上，98％的乡村已实现集中供水，且大部分乡村由城镇自来水厂集中供水，供水状况相对较好；在排水方面，53％的行政村实现了所有自然村都有排水设施，只有 23％的自然村无排水设施；在污水处理上，仍有 56％的乡村无污水处理设施，污水处理多为排入城镇污水管网或村庄集中处理设施；在通信上，91％的自然村已接通宽带（图 7-57）；在垃圾处理上，95％的乡村垃圾转运至城镇处理，村庄卫生环境较好。

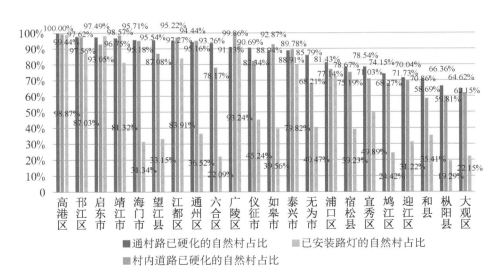

图 7-56　乡村道路状况
资料来源：根据 2017 年全国乡村人居环境数据库绘制。

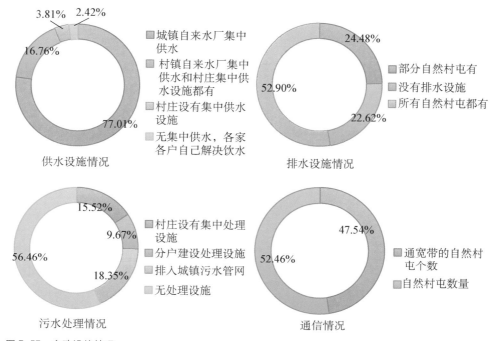

3.81%　2.42%
16.76%
77.01%

■城镇自来水厂集中供水
■村镇自来水厂集中供水和村庄集中供水设施都有
■村庄设有集中供水设施
■无集中供水，各家各户自己解决饮水

供水设施情况

24.48%
52.90%
22.62%

■部分自然村屯有
■没有排水设施
■所有自然村屯都有

排水设施情况

15.52%
9.67%
18.35%
56.46%

■村庄设有集中处理设施
■分户建设处理设施
■排入城镇污水管网
■无处理设施

污水处理情况

47.54%
52.46%

■通宽带的自然村屯个数
■自然村屯数量

通信情况

图 7-57　市政设施情况
资料来源：根据 2017 年全国乡村人居环境数据库绘制。

环境景观方面，73% 的乡村及周边水体清洁干净，26% 的乡村仍存在少数黑臭水体，影响乡村整体人居环境；在村庄绿化上，整体绿化较好，90% 的乡村村内绿树成荫或树木随处可见，但庭院绿化还需进一步提升（图 7-58）。

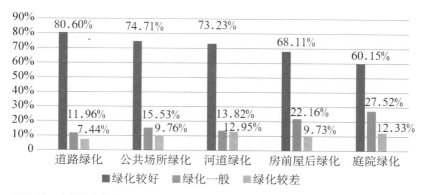

图 7-58　乡村绿化情况
资料来源：根据 2017 年全国乡村人居环境数据库绘制。

沿江圩畈区是江淮地区发展较好的类型区域。沿江乡村水网发达，进行乡村建设与农田开发的同时,需兼顾对水环境的保护。乡村水环境污染来源广、分散不均、治理难度大、缺乏治理资金,要想构建乡村水生态平衡,就要因地适宜,统筹规划,提高居民意识;在乡村水生态的建设中要充分发挥政府引领作用,企业参与,全民共建。

7.2.6 区域差异性分析

1) 社会经济发展水平

从乡村居民收入和乡村集体收入指标来看,江淮地区乡村经济发展总体水平不高,地区乡村居民人均可支配收入 11 688 元(图 7-59),低于全国平均水平。同时区内发展差异明显,江淮东部和沿江地区发展水平远高于西部,其中,苏中平原区、沿江圩畈区受城市发展带动显著,乡村产业非农化程度高,农民兼业收入较高。皖西山地区与沿淮庄圩区缺少中心城市带动,乡村产业仍以传统农业为主,居民收入水平有待提升。而在村集体收入方面(图 7-60),江淮乡村平均村集体年收入 462 万元,其中皖西山地区受扶贫政策影响,政府支持力度较大,村集体收入较高,苏中平原等相对发达地区,个体经济发展良好,但村集体发展受重视度不够。

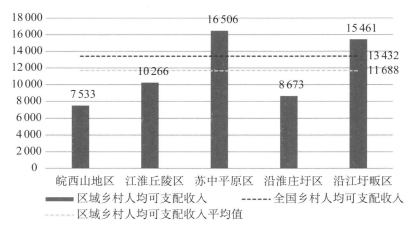

图 7-59 各区域乡村人均可支配收入(单位:元)
资料来源:根据 2017 年全国乡村人居环境数据库绘制。

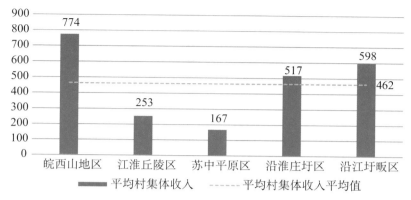

图 7-60　各区域平均村集体收入(单位:万元)
资料来源:根据 2017 年全国乡村人居环境数据库绘制。

从人口流动和年龄结构来看,江淮地区乡村人口流出远低于国内平均值,且区内人口流出量与乡村经济发展水平关联度高。2017 年江淮乡村平均人口流出比 0.12(全国 2019 年乡村人口流出比为 0.29),经济发展相对较差的皖西山地区的人口流出比较高(图 7-61),而经济发展相对较好的苏中平原区和沿江圩畈区人口流出则相对较少。江淮地区乡村人口流出情况反映出近年来江淮地区经济社会快速发展带来的乡村吸引力提升,村民就近(就地)就业、兼业水平提升。江淮地区 60 岁以上老龄人口占 19.8%(全国 2018 年乡村 60 岁以上人口所占比重为 20.5%)(图 7-62),乡村老龄化成为江淮乡村发展必须直面的问题,从统计数据来看,居民经济收入较高的乡村老龄化程度更高。

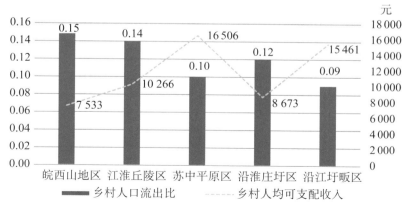

图 7-61　各区域乡村人口流出比
资料来源:根据 2017 年全国乡村人居环境数据库绘制。

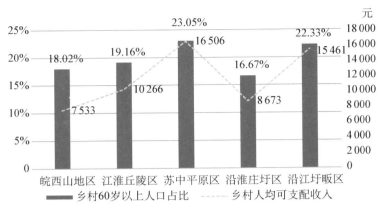

图 7-62　各区域乡村老龄化情况
资料来源：根据 2017 年全国乡村人居环境数据库绘制。

2）乡村空间发展

　　随着城镇化进程快速推进，江淮地区乡村整体数量持续减少，总体来看，造成乡村数量减少的因素主要是城镇扩张引发土地整理、新区建设、重大项目建设等（图 7-63）。其中，生态移民是皖西山地区自然村数量减少的主要影响因素；江淮丘陵区、苏中平原区等地区正处于城镇化快速发展时期，乡村建设用地成为城市蔓延扩张、各类工业园区建设的重要指标来源，土地整理成为自然村数量变化的主要影响因素；沿淮庄圩区则多受水患灾害影响，避灾搬迁成为影响村庄布局

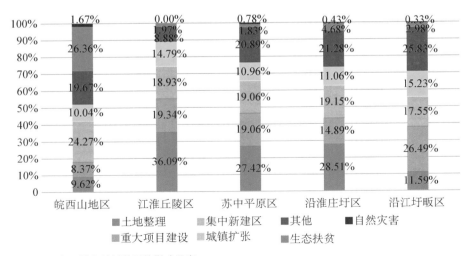

图 7-63　各区域自然村数量的影响因素
资料来源：根据 2017 年全国乡村人居环境数据库绘制。

的重要因素。乡村建设用地低效利用是江淮地区乡村建设需要重点关注的问题。江淮丘陵区的乡村人均建设用地面积 285 平方米(图 7-64),高于国家规定的土地使用标准(150 平方米／人),其中江淮丘陵区、沿江圩畈区达 300 平方米以上,最低的沿淮庄圩区(213 平方米)也高于国家标准。各区域应合理制定政策、科学编制规划,促进乡村土地资源高效利用。

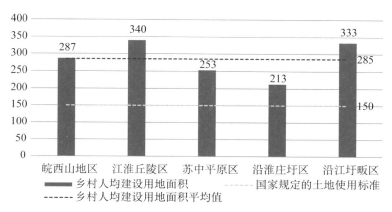

图 7-64　各区域乡村人均建设用地面积(单位:平方米)
资料来源:根据 2017 年全国乡村人居环境数据库绘制。

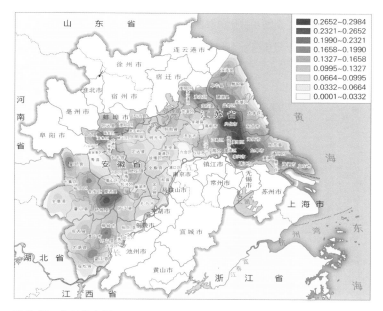

图 7-65　乡村分布图
资料来源:根据 2017 年全国乡村人居环境数据库绘制。

3）乡村人居环境建设

村民住房方面，2017 年江淮乡村平均住房空置率为 6%（图 7-66），同年全国乡村住房空置率为 14%。从统计数据来看，江淮乡村住房空置现象并不严重，这与人口流出情况相匹配。通过调研发现，江淮乡村居民住房需求主要关注住房质量安全、选址安全、建筑面积及层数方面，同时江淮区域内部因地形条件、经济发展程度等差异对住房需求的侧重点不同。例如，受山地灾害频发影响，皖西山地区更关注住房的选址安全，水网发达的沿江、沿淮圩畈区同样较关注选址安全，而水患频繁的沿淮庄圩区更加注重住房质量安全（图 7-67）。

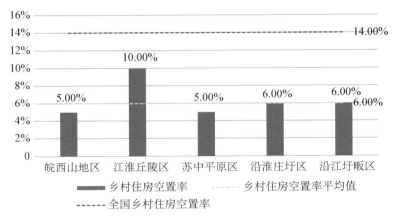

图 7-66　各县（区）乡村住房空置率
资料来源：根据 2017 年全国乡村人居环境数据库绘制。

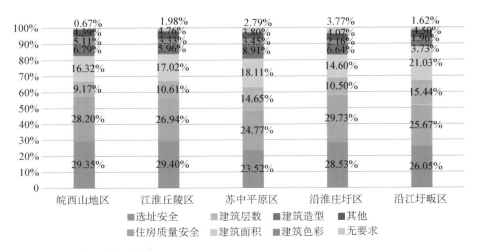

图 7-67　各区域乡村住房需求
资料来源：根据 2017 年全国乡村人居环境数据库绘制。

基础设施方面,江淮地区基础设施建设总体水平一般,区内相对发达地区往往基础设施建设较好,经济发展水平相对落后或区位偏远的区域基础设施建设有待加强。江淮乡村道路硬化、供水设施、排水设施、宽带通信建设情况相对稍好,污水处理、垃圾收集与处理、乡村照明等尚需提升,环境品质的提升成为江淮乡村建设的重要抓手。具体来看,在道路建设上,苏中平原区、沿淮庄圩区、沿江圩畈区的通村路已硬化或村内道路已硬化的自然村占比基本均达80%以上,道路状况较好,皖西山地区、江淮丘陵区的道路状况则相对一般;且各区域的照明安全均需提升,其中沿江圩畈区已安装路灯的自然村占比在50%以上,其他区域均在20%~40%左右(图7-68);在供水设施上,苏中平原区的集中供水设施覆盖率最高,且基本为城镇自来水厂集中供水,皖西山地区因地形限制,以村内集中供水设施为主(图7-69);在排水方面,苏中平原区、沿江圩畈区的排水设施覆盖率最高,且一半以上的行政村实现了所有自然村均有排水设施,排水设施建设较差的沿淮庄圩区有一半以上(56%)的乡村没有排水设施(图7-70);在污水处理上,各区域均有一半以上的乡村没有污水处理设施,其中沿淮庄圩区高达81%的乡村无污水处理设施,沿江圩畈区、苏中平原区的污水处理设施覆盖情况稍好,且污水多排入城镇污水管网,皖西山地区58%的乡村无污水处理设施,且污水处理方式多为村内集中处理或各户分散处理(图7-71);在通信上,苏中平原区、沿淮庄圩区、沿江圩畈区的宽带覆盖率均达90%左右,皖西山地区、江淮丘陵区的宽带覆盖率仅70%左右(图7-72)。

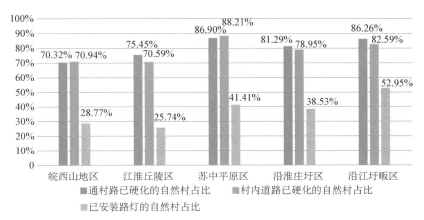

图 7-68　各区域乡村道路建设情况

资料来源:根据 2017 年全国乡村人居环境数据库绘制。

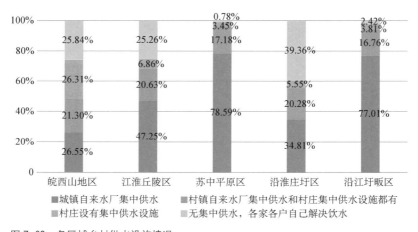

图 7-69　各区域乡村供水设施情况
资料来源：根据 2017 年全国乡村人居环境数据库绘制。

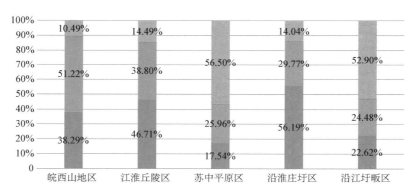

图 7-70　各区域乡村排水设施情况
资料来源：根据 2017 年全国乡村人居环境数据库绘制。

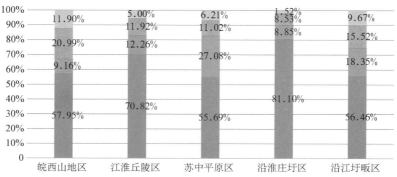

图 7-71　各区域乡村污水处理情况
资料来源：根据 2017 年全国乡村人居环境数据库绘制。

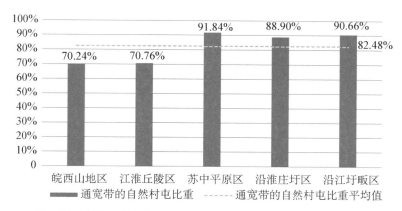

图 7-72　各区域乡村通信情况
资料来源：根据 2017 年全国乡村人居环境数据库绘制。

环境景观方面，江淮地区的乡村环境景观在一定程度上表现出与经济发展水平相适应的特征，经济发展水平高的区域乡村环境更加宜居。从调查数据看，江淮乡村庭院绿化、房前屋后绿化是村庄环境提升的短板(图 7-73)，道路、河道以及公共场所等绿化水平较高，体现出政府财政的支持力度大。具体来看，道路绿化上，苏中平原区、沿江圩畈区的整体道路绿化状况较好，绿化情况较好的乡村占比高达 80% 以上，沿淮庄圩区的则相对较差；在河道绿化上，苏中平原区、沿江圩畈区的绿化情况较好的乡村占比达 70% 以上，其他区域均在 35%～45% 左右；在公共场所绿化上，苏中平原区、沿江圩畈区的绿化较好的乡村占比达 70%

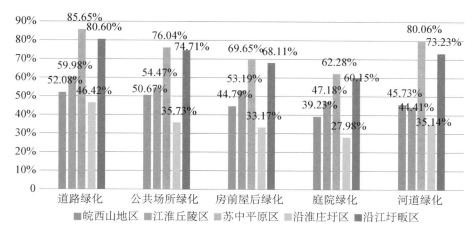

图 7-73　各区域乡村绿化情况
资料来源：根据 2017 年全国乡村人居环境数据库绘制。

以上,其他区域均在 35%～55% 左右;在房前屋后绿化和庭院绿化上,苏中平原区、沿江圩畈区的绿化较好的乡村占比达 60% 以上,其他区域均在 25%～55%左右。由此,苏中平原区、沿江圩畈区的乡村绿化水平相对较高,其他区域均待改善,其中沿淮庄圩区的各类型绿化较好的占比均为最低。

7.3　小结

　　整体上看,皖西山地区、江淮丘陵区、苏中平原区、沿淮庄圩区、沿江圩畈区的人居环境各有特色。乡村空间布局方面,皖西山地的乡村受地形限制,往往布局分散;江淮丘陵的乡村因地形破碎,往往林田宅塘交错分布;苏中平原、沿淮庄圩、沿江圩畈的乡村则多沿水或沿路分布,但其亲水性、聚落集聚特征因地形地貌而各有不同。乡村产业发展方面,皖西山地的乡村呈现"靠山吃山"的特征,"山地经济"特色明显;江淮丘陵的乡村受到土地易旱的影响,传统农业种植发展受限;苏中平原区、沿淮庄圩区、沿江圩畈区水系发达,农田广袤,物产丰富,并有应对水患的圩田、垛田等造田方式。乡村建设方面,各区受到地形地貌的影响,建设模式多样,特色分明,各区乡村应充分利用和强化当地优势,转化弱势,在人居环境建设中保留和突出地域特色。

第8章 江淮乡村人居环境典型样本

8.1 皖西山地——安庆市岳西县菖蒲镇水畈村

8.1.1 村庄概况

1) 地理位置

菖蒲镇属大别山南坡中山区,南与潜山毗邻,西和太湖接壤。水畈村位于菖蒲镇的东北部,滨临天仙河,紧邻天柱山,距天柱山 33 千米。水畈村村域周边山地陡峭,河流蜿蜒而过,是典型的山地村庄(图 8-1)。

图 8-1 水畈村村庄风貌
资料来源:安徽岳西水畈村美好乡村规划设计(2015—2025 年)。

2) 人口、土地和产业概况

在人口数量方面,水畈村辖内有 20 个村民组,2020 年村庄人口 2 206 人,共计 582 户。在土地利用方面,水畈村村域总面积约 95.78 公顷,现状用地以茶园、耕地及林地为主。村庄外茶园环绕,南边较为平坦的低洼地部分为水稻种植地,最外围为林地(图 8-2)。在产业发展方面,水畈村俗称水车畈,过去由于水利条件差,农业产出低,人均年收入不足千元。近年来,水畈村以景区理念打造美丽乡村,因地制宜发展茶叶、旅游经济,使得该村旧貌换新颜,如今该村已成为闻名遐迩的幸福村,并入选 2014 年度 CCTV 十大最美乡村。

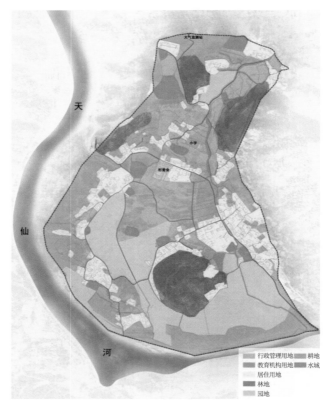

图 8-2　水畈村土地利用现状图
资料来源:安徽省岳西县水畈村美好乡村规划设计(2015—2025 年)。

8.1.2　乡村人居环境特征

1) 自然景观

独特的山地地形及季风气候为水畈村孕育了丰富的自然资源。水畈村山高岭峻,四周被大山和密林包围,依山傍水,山地特征明显。村域内层峦叠嶂,天仙河从村庄横穿而过,形成山地—坡地—河流阶地—滩地系列的地貌特征。村域内还分布着丰富的河流水系资源,为水畈村营造了良好的自然环境。水畈村地属北亚热带季风湿润区,气候温和,四季分明,夏季雨热同期,适宜多种植被作物生长。村域内森林覆盖率达到 89%,主要树种有马尾松、黄山松、杉树等,其中木本和草本中药材资源较为丰富,可供开发利用(图 8-3)。

图 8-3　水畈村自然资源
资料来源:安徽省岳西县水畈村美好乡村规划设计(2015—2025 年)。

2) 建成环境

在聚落形态方面,由于地形地貌影响,水畈村连续大规模可集中建设的平地较少。村庄顺应地形,将地势相对平坦易于开垦农田的缓坡地带作为居民点,以天仙河作为村庄的生命之源,形成水田耕地环绕的格局。高低错落的山地地形使得水畈村居民点分布较为散乱,多呈自由线性格局,建筑布局灵活,规模较小;还有部分居民点零散分布在海拔相对较低的地域,与线状居民点相比规模更小。在居住风貌方面,对于地处山地之中的水畈村,最具特色与魅力的正是其高低不平的地基形式,村落依山傍水坐落在山地之间,自然环境优美,村庄风光秀丽。水畈村依据地势以及周边的山峦起伏进行房屋建造,与山水环境相呼应;建筑运用了红色屋顶,与周边青山相互交映(图 8-4)。在配套设施方面,水畈村给水主要依托西北侧山区自流水,村民用水实现自给自足。村内环卫工程实现基本保障,垃圾收集设施沿村内主要道路进行布置,实现垃圾定点投放。2013 年政府进行投资建设,在村域内建设旅游接待中心、生态停车场以及进行道路硬化等,使得水畈村现状配套设施水平较好。

图 8-4 水畈村建筑风貌
资料来源:安徽岳西水畈村美好乡村规划设计(2015—2025 年)。

3) 社会文化

  山地特征与资源分布使水畈村布局在山与水围合之处,形成相对封闭的聚居模式,村落环境的相对封闭性使得聚族而居的聚落形态能够长期稳定地存在。水畈村宗族文化在此孕育而生,是世界何氏宗亲发祥地,村内并有物质文化遗产何氏报恩观,始建于南北朝时代,现仍存有砖刻楷书"报恩观"三个大字镶嵌于学校墙壁之上。

8.1.3 人居环境发展的启示

  水畈村入选 2014 年度 CCTV 十大最美乡村,其人居环境的持续发展充分体现了乡村能人带动发展模式。2014 年之前,水畈村在村支书的带领下,多方寻找建设资金,村里自己设计与施工,村庄道路、绿化及文化环境获得较大提升。2014 年以后,村庄面临发展困境,一方面是村庄环境缺乏专业设计,建设品质不高;另一方面是村庄发展面临瓶颈,良好的自然资源禀赋缺乏系统性规划利用。作者受邀主持编制水畈村乡村规划,从山区村特点出发,结合村庄自然、文化、产业资源优势,主动链接区域生态旅游网络,推进生态—文化旅游融合发展。通过规划引导,村庄功能从单一居住、农业向旅游接待、文化休闲等多功能融合转向,村民生计多样发展。村庄人居环境改造从主要服务居住向生态旅游综合发展转向,逐步实现生态资源的资本化发展趋势。总体来看,皖西山区村区位偏僻、村庄人口流出严重、内部人才严重缺乏、外部交通不便、发展闭塞共同导致"内源—外源"动力的整体缺乏，乡村能人带动是培育内源动力、逐渐引导外源介入的重要发展途径。

8.2　江淮丘陵——巢湖市黄麓镇建中村

8.2.1　村庄概况

1) 地理位置

建中村位于巢湖市黄麓镇的东部，处于江淮丘陵片区，与大黄山、白马山、青阳山等相邻，是典型的江淮丘陵乡村。村庄周围依托环湖大道、105 省道，与合肥市、巢湖市主城区连接，另有黄师路、烔中路贯穿其中，铁路方面有合福客运专线与淮南线从村北侧贯穿而过。

2) 人口、土地和产业概况

在人口数量方面，建中村辖区有 11 个自然村，2018 年总人口有 4 488 人，其中常住人口 4 629 人，常年外出务工人口 1 951 人，其中常住人口主要为老人、儿童和少部分从事行政和商业的中青年等人群。在土地利用方面，建中村村域总面积约为 1 040.87 公顷，其中耕地面积为 357.33 公顷，村域用地主要以农林、村庄建设用地、水系用地等为主。在产业发展方面，建中村作物品种多样，发展基础良好，大宗作物主要为水稻、玉米和油菜，特色种植作物主要为葡萄和蓝莓等。受丘陵地形原因影响，该村产业用地分散，农户分散种植经营，效益不高，难以形成主导产业。

8.2.2　乡村人居环境特征

1) 自然景观

建中村四周植被丰富，村落周边连片种植着灌木和公益林，构成了环巢湖北岸典型的自然生态格局。村域内微地形较多(可称为岗地)，整体地势较为平坦，地表水有坑塘水面、水库水面及少量沟渠等，以分散点状分布为主，主要用于蓄水满足生活饮用以及提供农业灌溉等。村域内主要的树种有香樟、黄连木、冬青等，主要的草种有山胡椒、杜鹃、木通、紫藤、黄背草等。

2）建成环境

在聚落形态方面，由于受地形地貌条件的影响，该区乡村聚落多呈散点式分布。建中村11个自然村的村庄居民点分布零散，但各自然村内部的建筑分布较为集中，整体性良好。其中，建中村的中心村昶方村依据地势北高南低的特点，村子的每条巷子顺北至南而建，共建成九条长巷子，宛如"九条龙"，共同交汇于"门口塘"中，从而形成了"九龙攒珠"的空间格局（图8-5）。在居住风貌方面，自然村布局分散、自然环境及农业协作环境的差异造成了乡村居住条件的不同，现状居住建筑多为钢筋混凝土结构，建筑外墙有涂料和面砖装饰，村庄整体建筑质量较好；部分未进行人居环境整治的居民点以原有红砖瓦房为主，建筑质量一般（图8-6）。在配套设施方面，建中村的道路体系完善，但由于自然村的村庄居民点分布分散，村域的主要道路密度偏小。建中村综合防灾体系已建成，应急能力

图8-5 "九龙攒珠"街巷水体关系示意图

资料来源：巢湖市黄麓镇建中村村庄规划（2020—2035年）。

图 8-6 建中村建筑风貌
资料来源:巢湖市黄麓镇建中村村庄规划(2020—2035 年)。

较好,但部分老旧危房仍存在安全隐患;给水工程建设完善,自来水供水已经达
到了全村通的要求,但居民点污水处理设施有待完善;村内农田水利设施严重缺
乏,抗旱风险能力弱。

3) 社会文化

建中村历史悠久,有着深厚的文化底蕴和独特的风土人情,其中历史文化遗
产资源主要包括百年老宅历史建筑、老油坊文物古迹、古井及国家非物质文化遗
产传统纸笺加工技艺等,代表性的品牌有"掇英轩",其以研究中国优秀的传统纸
笺加工技艺、恢复与发展中国古代名纸名笺、服务现代书画艺术为使命。

8.2.3 人居环境发展的启示

2019 年 1 月,全国农村生活污水治理工作推进现场会在巢湖市召开,昶方中
心村成为现场会参观点之一。从无人问津的脏乱差村到人居环境改善的示范
村,昶方村的人居环境发展路径值得借鉴。首先,规划是昶方中心村人居环境提
升的前提,2017 年在美丽乡村规划的引导下,村庄人居环境质量持续提升,特别
是物质空间环境得到极大改善,从杂乱无章到整洁有序,村民的生活满意度不断
提升。不过物质空间环境的巨变并没有显著提升村庄吸引力,村庄空心化现象
并没有得到明显改善,"优美的环境与空荡的村庄"成为村庄发展的困境。通过
进一步分析,发现昶方村的发展的主要动力源是政府,也就是村庄人居环境改善
与发展依靠政府输血,缺乏乡村产业的支撑,村民生计难以为继,人口持续外流,

村庄发展的可持续性不强。2020 年,实用性村庄规划编制范围从昶方中心村向村域扩展,土地综合整治、乡村旅游、文化传承等全要素发展成为村庄转型发展的发力点。以土地综合整治为抓手,开展高标准农田建设、乡村居民点整合、乡村建设用地布局服务三产融合,规划持续引领村庄可持续发展。未来村庄发展的动力源进一步丰富,政府、市场、农协及村民主体各自发挥自己的作用,积极引导城乡要素交流,激活乡村发展要素,实现人居环境的全面发展。

8.3 苏中平原——淮安市淮安区朱桥镇周庄村

8.3.1 村庄概况

1) 地理位置

周庄村位于江苏省淮安市淮安区朱桥镇东南 2 千米处,距离镇政府驻地 1 千米,处于苏中平原地区。

2) 人口、土地和产业概况

在人口数量方面,下辖 17 个村民小组。2018 年村域总人口 2 770 人,总户数 650 户。在土地利用方面,周庄村总面积为 273.32 公顷,现有耕地面积154.27公顷。该村居住建筑用地所占比例较大,主要分布于道路两侧。在产业发展方面,以种植业和养殖业为主,主要生产小麦、水稻、大豆、玉米等粮食作物,兼营食品加工、装潢、建筑、粮食经营等。

8.3.2 乡村人居环境特征

1) 自然景观

全村境内地势西北略高、东南略低,村庄南端为涧河,中部排水渠、灌溉渠纵横交错,农田灌溉较为方便。村域四周被水系环绕,道路沿水系铺设,形成了富有秩序的"路 + 水"的村庄格局。

2) 建成环境

　　在聚落形态方面,街巷空间受水系和道路交通的影响,形成了以面状分布为主、局部点状散落的形态。通过河塘水系的疏浚及沿河岸线的环境整治使得居民点整体空间形态形似"周"字(图 8-7),形成与自然环境相融合的自由布局空间形态。村庄内部道路形成了若干错落有序的巷道空间,并结合道路两旁的建筑,构成了典型的棋盘式空间格局。在居住风貌方面,房屋整体质量较好,且建筑风貌协调统一。民居建筑形式以一至二层独立院落为主,形式简洁,成排布局;院落与院落之间构成居住组团,各个居住组团之间以道路、绿化景观系统为纽带。在配套设施方面,村域现有村委会、卫生所、文化活动中心等公共活动空间,给水、电力、电信均达到全覆盖,并实行雨污分流制,并配有垃圾桶、棚式垃圾收集点和垃圾房等配套设施。经营性设施主要分布在周庄村居民点内部,结合原有村委会呈院落围合形式布局,能较好地满足村民的日常生活需求。

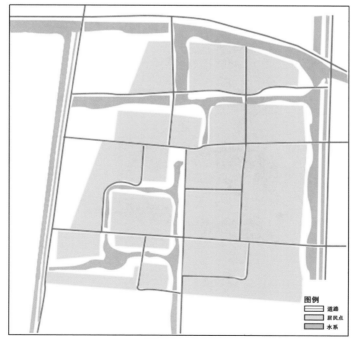

图 8-7　淮安市淮安区朱桥镇周庄村街巷空间示意图
资料来源:作者绘制。

8.4　沿淮庄圩——阜阳市阜南县曹集镇东郢村

8.4.1　村庄概况

1) 地理位置

　　曹集镇位于阜南县蒙洼蓄洪区中部,距离县城 25 千米,南临淮河,与河南省固始县接壤,东接郜台乡,西邻老观乡。东郢村隶属曹集镇,位于淮河北岸。东郢行政村包含任郢庄台、程大郢庄台和腰庄庄台三个庄台,其中任郢为堤旁庄台,程大郢和腰庄为湖心庄台(图 8-8)。村域建立在垒起的基台上,地形较为平坦,海拔相对周边地区较高,可有效减少低洼农田遭受旱涝灾害的威胁,保证了圩内工农业生产和居民生活的有序进行(图 8-9)。

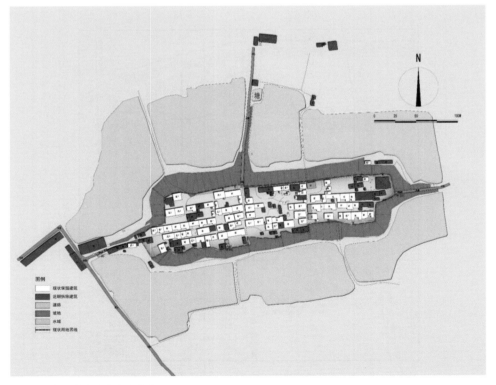

图 8-8　东郢村湖心庄台现状布局
资料来源:阜南县曹集镇东郢村庄台整治规划(2020—2035 年)。

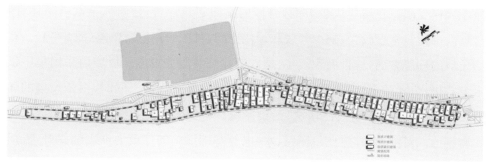

图 8-9　东郢村堤旁庄台现状布局

资料来源:阜南县曹集镇东郢村庄台整治规划(2020—2035 年)。

2）人口、土地和产业概况

在人口数量方面,东郢村由刘郢、任郢两个自然村合并而成,共 20 个村民小组。2018 年村庄人口 5 453 人,共计 1 539 户。在土地利用方面,东郢村建设用地主要为农村住宅用地和道路用地,集中分布于村庄干道两侧。在产业发展方面,东郢村主要以第一产业为主,耕地面积约 4 600 亩,其中农作物以小麦、水稻、黄豆为主,经济作物以蔬菜为主。

8.4.2　乡村人居环境特征

1）自然景观

东郢村作为庄台的典型,村域面积受限。村域内的自然环境资源较少。由于地处淮河周边,河漫滩常年受到洪水的侵蚀,泥土不断淤积,形成了深厚而肥沃的土地。淮河人民世代在这肥沃的土地上辛勤劳作,使得村庄周边的农田景观成为村庄的重要景观资源。

2）建成环境

在聚落形态方面,沿淮地区的地形地貌及较为密集的水网,使该地区形成了临水而居的聚落形态(图 8-10)。村庄选址具有特殊性,受洪涝灾害多等自然地理环境的影响,村民利用天然的高地或堆垒出的高地建庄,村庄周围则是湖泊水系等,所以,在地形地貌及水系的影响下,村庄主要沿水系呈块状或线状布局,但村庄规模受限。在居住风貌方面,村域内新旧建筑混合,建筑风格缺乏整体性,村域内部建筑密度较大,缺少开放和绿化空间,村庄居住风貌较差(图8-11)。在物质空间环境方面,庄台面积狭小,难以新建公共服务设施。村域内采用集中供水方式供水,无雨水、污水排放管道,导致雨污水排放无序。同时,由于垃圾的随意丢弃,庄台周边水塘淤泥堵塞、污染严重。但随着脱贫攻坚,阜南县积极推进庄台整治。目前,东郢村庄台道路、水、电等基础设施的建设力度大幅提升,人居环境得到明显改善。

图8-10 东郢村堤旁庄台
资料来源:遥感影像。

图8-11 东郢村建筑风貌
资料来源:阜南县曹集镇东郢村庄台整治规划(2020—2035年)。

3）社会文化

东郢村由于长年遭受洪涝灾害,村庄人口流动较为频繁。因此,村庄历史文化难以传承下来。但东郢村因其特殊的地理位置孕育了丰富的淡水产品,并形成了独具当地特色的饮食文化。

8.5　沿淮保庄圩——淮南市田家庵区史院乡仇咀村

8.5.1　村庄概况

1）地理位置

仇咀村位于淮南市田家庵区史院乡南部,处于沿淮庄圩片区,南邻淮河流域最大的湖泊瓦埠湖,西连孙庙乡,东面与长丰县徐庙乡毗邻,村域内有 Y021 乡道穿过,是典型的沿淮庄圩乡村。部分自然村靠近联系孙庙与史院乡集市的主要道路,处于两地的中部位置,交通便捷(图 8-12)。仇咀村地势比周围低,村庄东边和南边分布有大面积的水域,因此,仇咀村的防汛压力大且下雨天路边容易积水,面临汛期和强降雨时,瓦埠湖水位会不断上涨,容易引发洪涝灾害。

图 8-12　仇咀村村庄风貌
资料来源:遥感影像。

2）人口、土地和产业概况

在人口数量方面，人口相对集中，2020 年仇咀村户籍人口 3 493 人，总户数 1 193 户，常住人口 1 800 人。近年来随着青壮年人群外出务工数量的增加，村庄空心化现象加剧。在土地利用方面，村域总面积为 607.52 公顷，耕地为 285.48 公顷，水域面积 148.74 公顷。全村辖 13 个自然村庄，现状用地以农用地为主，耕地集中成片，平整度较高，但土地流转程度不高，耕地闲置、撂荒现象较为严重。建设用地较为分散，公共建筑占比较少，现状水系基本联通，水体质量较好。在产业发展方面，村域主要以第一产业为主，主要种植水稻和小麦，仇咀村受地形影响，水资源丰富，土壤肥沃，近几年来草莓、西瓜、大棚蔬菜等经济作物蓬勃发展，村内水产养殖、家禽养殖已初具规模，但第二产业和第三产业的规模较小。

8.5.2　乡村人居环境特征

1）自然景观

仇咀村地形北高南低，多为洼冲坡地，属亚热带季风气候，四季分明，日照时间长，温差大，仇咀村紧靠瓦埠湖畔，全村瓦埠湖水域面积 1 400 多亩，水域开阔，风景宜人。村域全年无霜期 230 天，年降雨量 900 毫米左右，农业生产条件较好，但易涝。村内有 5 千米保庄圩大坝和 800 亩水源涵养林，农田水利设施环绕全村。

2）建成空间

在聚落形态方面，村组集聚，人口相对集中，规模较大的自然村沿乡道两侧分布，各个自然村内的建筑形式统一，村庄整体性较好。在居住风貌方面，村庄内现状建筑多为平屋顶，大部分建筑多为近几年建造，质量较好，建筑色彩、样式较统一，整体面貌较好；部分建筑年代久远，缺少维护，立面未进行粉刷，建筑结构不坚固，又由于村庄易受洪涝灾害，所以部分村庄比较脏乱（图 8-13）。在配套设施方面，村内有基本的供水、给水设施，无污水处理设施，生活污水直排入沟渠。主要公共服务设施集中分布于村委会所在地，公共活动场所有限，且老龄化配套设施欠缺。总体基础设施建设水平较低,防灾减灾能力不强,群众生产生活条件较差。由于保庄圩区域的特殊性,防洪工程是仇咀村的建设重点。

图 8-13　仇咀村建筑风貌

8.5.3　人居环境的发展启示

"庄台"和"保庄圩"是沿淮水患地区应对灾害的两种特殊村庄布局形式。在应对水患灾害下,沿淮庄圩地区的乡村建设发展从被动抵御转向主动应对。近年来通过移民建镇、城镇化转移等多种策略,大量水患村庄整村迁出,所留下的庄台遗迹成为独特的人文记忆和历史见证。通过对保留庄台村庄的重点投入,村庄人居环境得到较大提升,将劣势发展为优势资源,变"水患"为"水惠",生态文化旅游成为区域村庄发展的新路径。

8.6　沿江圩畈——马鞍山市和县香泉镇王庄村

8.6.1　村庄概况

1) 地理位置

香泉社区位于马鞍山市和县香泉镇的西北部,处于南京 1 小时都市圈、合肥经济圈和芜马经济圈交汇区域;王庄村则位于香泉镇境内,介于香泉镇主中心和香泉湖次中心之间,东临香泉湖,周边被狮子山、长山等海拔较低的山体环绕。村落周边地势起伏相对较小,水网密布,村庄沿江发展(图 8-14)。

图 8-14　王庄村村庄风貌
资料来源:和县香泉镇王庄中心村美丽乡村建设规划(2020—2035 年)。

2) 人口、土地和产业概况

在人口数量方面,王庄村辖 25 个自然村,2019 年总户数为 822 户,户籍总人口 3 186 人,户均 3.9 人,其中劳动力为 2 503 人,外出人口 1 847 人,外出劳动力人口占劳动力人口的 73.8%,65 岁以上人口占总人口的 11%,村庄老龄化程度较高。在土地利用方面,王庄村村域总面积 1 619.3 公顷,现状用地以农林用地及山体用地为主,还有部分配套建设用地主要用于产业发展。在产业发展方面,王庄村依托肥沃的圩田,种植粮油蔬菜等农作物,并且依靠优越的地理位置和周边丰富的旅游资源,因地制宜发展特色旅游业,如发展以三星级农家乐"香樟树农家乐"为代表的餐饮服务业。

8.6.2　乡村人居环境特征

1) 自然景观

村庄地处和县北部覆釜山下,地势为低山、丘陵、岗地等。村庄高程在 18～180 米区间,最高峰为麻家山 164.5 米。村域内有山、湖、林、田等多种生态景观类型,旅游资源丰富。村域内沟渠纵横,河道交错,是典型的江南水乡。王庄村拥有肥沃的圩田,粮油作物生长在纵横交错河道中的圩田里,成为王庄村靓丽的风景线。

2）建成环境

　　在聚落形态方面,王庄村是圩区村庄"临水而居"的典型代表。村庄内部零落分散着若干水域,居民点被水系切割为多个部分,建筑沿河埂依次排列,与道路产生一定的高差,呈明显的狭长型。在居住风貌方面,丰富的水利资源带来了较高的绿化植被面积。道路沿线及水体沿线是王庄村重要的风貌展示界面,实现了水、田与村庄的整体协调,人们能够通过沿线水林田等自然环境景观要素去感受村庄的风貌。村民住宅多采用黑瓦坡屋顶,外立面多为混凝土,住宅具有一定的传统水乡风貌特征(图 8-15)。在物质空间环境方面,村庄主要依托香泉镇区公共服务设施。村内卫生环境较好,每天有人专门定点定时进行垃圾收集和清扫。但目前村庄范围内尚未有污水管线敷设,雨水与污水混合排入自然水体,每逢汛期湖水暴涨,污水从被淤塞的抗旱渠中溢出,严重影响村庄村民的正常生活。

图 8-15　王庄村建筑风貌
资料来源:和县香泉镇王庄中心村美丽乡村建设规划(2020—2035 年)。

3）社会文化

　　高低起伏的地形以及河流湖泊的发育为香泉温泉的形成提供了自然地理条件,当地的香泉温泉已有一千多年的历史。据古书记载,南朝昭明太子萧统在如方山藏经寺读书时,患有疥癣,曾至此泡香泉温泉而愈,高兴之余挥笔题写"天下第一汤",后人也称之为"太子汤"。从此,香泉温泉名扬天下。近年来,王庄村计划依托香泉温泉打造温泉旅游度假村。

8.6.3 人居环境发展的启示

王庄村是典型的沿江圩畈村,村庄内部水系发达,生态本底良好。同时王庄村处于南京、合肥及芜马经济圈的交汇处,区位条件优越。优越的资源与区位条件给一度有些衰败的王庄村带来新的发展机遇,做好"水文章"成为沿江圩畈区乡村发展的重要途径。王庄村充分利用香泉湖资源,积极链接到香泉特色小镇发展中,旅游发展成为村庄人居环境整治的核心驱动力,村庄人居环境的特色塑造成为村庄建设重要内容,依水而居的聚落特色和居民生活方式的保护与传承应是沿江圩畈区乡村人居环境整治与提升着力点。

8.7 小结

江淮地区人居环境典型样本充分反映了五大类型区乡村人居环境发展的典型特征。从区域环境特点来看,沿淮庄圩与沿江圩畈是江淮乡村的核心特征区,这两大区域的人居环境建设是江淮乡村发展的关键。通过微观样本我们发现了江淮不同类型区村庄人居环境的发展脉络,揭示了不同主体与动力源驱动下的村庄人居环境建设特征。通过对不同类型区村庄发展困境的总结,我们进一步认识到化解困境的不同途径。

第 9 章 江淮乡村人居环境之未来

　　江淮乡村人居环境在经济社会发展阶段、地理空间格局及地域文化特色方面存在显著差异,面向未来既需要对客观发展复杂性与未来趋势有科学系统的认知,又需要系统的谋划、有序推进战略的落实。

9.1 发展愿景

　　乡村人居环境转型发展实质上反映了乡村居民从物理空间需求向生活质量需求的转型、从单纯的聚落环境治理需求向多元的生态服务功能需求转向、从单一的传统文化传承需求向多元的文化融合发展需求转型(杨忍,2019)。江淮地区水网纵横,地势起伏,复杂的地理和人文环境构成决定了乡村人居环境建设的复杂性、多样性和艰巨性,其发展道路既需要全国一盘棋的统一部署,更需要适合本地区实情的地域特色发展路径。当前国内乡村在统一推进人居环境整治行动,行动的核心目的在于弥补当前乡村发展的短板,为乡村振兴打下坚实基础。从乡村建设阶段的国际经验判断,在跨越乡村物质空间环境改善的阶段之后,未来江淮地区乡村将转向关注乡村"空间—社会—文化"耦合协调的全面发展阶段。在具体实施层面,江淮地域乡村人居环境提升应围绕提升乡村人居环境品质、改善乡村人居环境宜居性,塑造乡村人居环境地域特色及提高乡村居民满意度四个方面展开。一是江淮地区乡村发展基础较为薄弱,特别是沿淮、大别山地区乡村人居环境改善任务依然艰巨,江淮乡村人居环境品质提升是从脱贫攻坚转向全面乡村振兴的缓慢持续过程;二是持续的乡村建设投入使得江淮地域乡村物质空间环境得到较大提升,但是乡村产业基础薄弱,内生发展动力缺乏,乡村文化异化及人才吸引力不强等严重制约乡村宜居性和未来的乡村发展;三是江淮地域文化丰富多样,地域乡村人居环境蕴含特色鲜明的"山—水"底色,"乡土—生态"融合发展是地域乡村特色的营造方向;四是要主动适应未来乡村多主体的发展趋势,凸显共同营造理念,协同各类主体参与乡村建设发展,突出村民主体意识,提升村民满意度。

9.2　发展路径

基于发展愿景,未来的江淮乡村人居环境持续发展需要在规划引领下,通过城乡融合途径弥补乡村自身发展的困境与乏力,充分尊重地域乡村发展的差距与差异,分类、分阶段地推进人居环境可持续性提升,创新体制机制建设,积极引导各类主体积极参与乡村人居环境的建设发展。

9.2.1　规划引领

人居环境提升与乡村振兴战略落实必须依靠科学合理的乡村发展规划,规划作为推动乡村振兴的行动纲领,其质量直接决定乡村振兴的成效。当前国内乡村规划体系尚不成熟,各地对乡村规划的认知和重视程度存在较大差异性。国内有学者指出乡村规划核心问题在于当前的城乡规划的法定体系之中,缺少一个从"三农"问题出发、能够承上启下、统筹乡村建设发展、指导三农资金整合的中观层面规划(王蒙徽,2012),也就是说指导乡村建设发展,特别是人居环境改善的上位规划目前是缺位的或者是无效的。2017年中央一号文件中明确提出"加快修订村庄和集镇规划建设管理条例,大力推进县域乡村建设规划编制工作。"实际是为解决这一难题埋下伏笔。

(1)构建"战略—行动"联动的乡村规划体系

近年来安徽人居环境改善与乡村规划建设在住建部的支持引导下,开展部分试点,探索乡村规划建设方面的相关经验,经验之一是要明确确立县(市)域乡村建设规划的主导地位,建立以县(市)域乡村建设规划为依据,村庄建设规划为抓手的乡村规划编制体系。县(市)域乡村建设规划是区域乡村规划及人居环境提升的总纲,该层级规划主要明确了乡村产业发展、空间布局引导、分类发展识别及乡村风貌等核心内容(曹璐,2017)。村庄建设规划是个体村庄建设发展的具体行动指引,主要突出项目的具体设计与落实。

当前,在国土空间规划整体推进背景下,应进一步凸显县级国土空间规划对乡村规划建设的战略引领作用。应着力在县域尺度制定乡村生态环境保护、产

业发展、空间集聚模式、分类发展识别及乡村风貌等核心内容,探索打破镇、村行
政区划限制,以产业协同发展为核心,创新规划形成"乡村群"的空间组织发展模
式(图 9-1),打造"乡土—生态"风貌集中展示区。村庄规划是落实县域战略规划
的行动抓手,依托村庄的区域发展定位,落实生态红线管控,结合村庄产业发展
和村庄环境整治等实施土地综合整治,推进村庄人居环境的进一步提升。

专题探索 1:都市近郊乡村群的规划编制

　　都市近郊乡村群示范项目是指将合肥近郊地域相近、产业特色较明显的三个村落(改革
首发地小井庄、太空莲基地长庄和杭白菊产业基地兴庄)开展规划整体编制,以三个村落基础
设施共建共享、产业发展融合互补和文化生活相近互融为目标,突破行政边界束缚,实现区域一
二三产融合、三庄联动发展,践行乡村振兴战略,为合肥都市乡村发展先行探索一条示范道路。

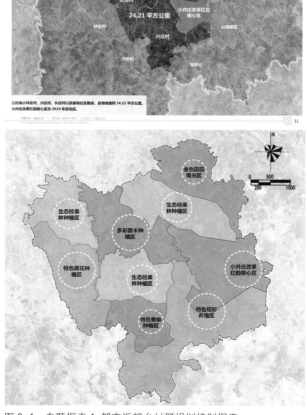

图 9-1　专题探索 1:都市近郊乡村群规划编制探索

9.2.2 城乡融合

1) 促进城乡融合发展是乡村可持续发展的内在要求

乡村振兴与城市发展从来不是各自独立的。依据乡村调查数据分析,江淮地区乡村基础设施和公共服务设施均等化程度较低,城乡要素市场割裂、联系较弱,城市带动乡村的互动机制尚未形成。城市资源、理念、技术、市场经济结构等对于乡村发展具有重要影响,要建立城市反馈乡村发展的长效机制,积极增强城乡要素互动。

江淮地区城乡融合的核心着力点应在促产业振兴上。江淮地区作为人口流出地,乡村空心化现象较为严重。乡村空心空置是城乡发展失调的产物,解决途径在于协调城乡关系,积极响应城市新的发展需求,依托需求探索乡村产业转型,逐步建立城乡产业良性互动,从而吸引人才回乡、村民创业。一些区位条件好、资源禀赋优的村庄会率先与城市发生"化学反应"(图9-2),城市的功能溢出,资本流入,在良性互动格局下,乡村的生态、文化产品也会导出。江淮地区很多民宿农家乐、生态观光园、旅游村等各类型产业都在萌芽发展阶段,一方面带动乡村集体经济发展和农民增收,另一方面吸引人口回流,居民就地城镇化意愿显著加强。乡村的产业发展起来了,很多其他问题也就迎刃而解。当然城乡融合应当遵循政府引导、市场主导的原则。

2) 依托新技术探索城乡基础设施和公共服务设施的共建共享模式

近年来,国家围绕乡村道路、供水用电等保障乡村居民基本生活的基础设施投入大量资金,乡村硬件设施得到较大提升。另一方面,乡村的软环境,特别是教育与医疗人才资源匮乏,是城乡发展不平衡的突出问题。江淮地区的公共服务设施供给失衡、错配是制约乡村宜居生活的短板。未来人居环境改善应聚焦于乡村基础教育与基本医疗服务上。通过乡村调查发现江淮地区多数乡村小学就读学生寥寥,大量校舍空置、废弃,而城市小学人满为患,优质学位一位难求。巨大的反差反映了当前乡村基础教育(小学教育)发展面临的困境,基本医疗服务也面临同样的问题。解决途径在于引导城市优质教育、医疗资源下乡帮扶或合

专题探索 2:城乡融合促进乡村转型发展
　　安徽省巢湖市建中村,位于合肥市近郊。作为典型的都市近郊村,一直是城市各类发展要素外溢与功能挤出的重要承载空间,逐渐成为现代农业、乡村旅游、文化传承与创新、生态保护等多功能集聚发展的乡村综合体。土地综合整治成为该类村人居环境提升与城乡产业发展的直接抓手。

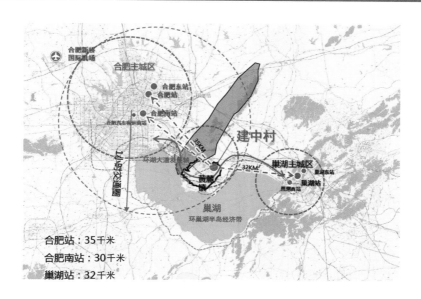

合肥站：35千米
合肥南站：30千米
巢湖站：32千米

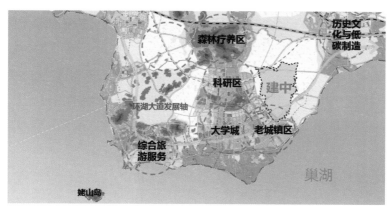

图 9-2　专题探索 2:城乡融合促进乡村转型发展
资料来源:安徽省巢湖市黄麓镇建中村村庄规划(2020—2035 年)。

资源共享,具体可以采取城镇名校、名医院在乡村设立分校、分院的方式,搭建城乡教育医疗共建平台,利用现代信息网络等新技术,逐步提升乡村公共服务设施发展水平。

9.2.3　梯度推进

1) 尊重地区发展差异

　　江淮地区由于区域发展水平差异性显著,乡村发展的全谱段都有。从纵向发展来看,可以将江淮地区发展分为基础改善(一般型)、环境特色提升(发展型)以及引领示范(富裕型)三种类别,便于分类指导。另一方面,乡村的多功能认知是乡村转型的逻辑起点,江淮地区的乡村发展地域类型多样,将转向以乡村空间多功能分化为核心的多元路径,实现从线性发展到非线性分化发展的转型(杨忍,2019)。

2) 纵向差异化发展指引

　　基础改善类主要是指发展基础较薄弱的乡村,主要分布于皖西山地区和沿淮行蓄洪区。此类乡村发展以满足村民基本的生产、生活需要为基础,主要以环卫等基本设施供给为主,改善农村基本生产生活条件,重点抓好农村垃圾污水治理、卫生改厕、房前屋后环境整治等,达到干净整洁的基本要求。沿淮庄圩区是江淮地区极具环境发展约束的乡村类型,该区域人居环境整治应基于人口迁移、村庄减量、降低密度、塑造特色等原则,结合区域城镇化战略推进,走差异化发展路径。部分村庄结合临近城镇发展实施人口迁移计划,经规划评估需要保留的村庄应充分挖掘其地方自然、文化资源,进一步探索沿淮庄圩"蓄洪低地"变"产业发展宝地"、"民生洼地"变"生态宜居高地"的新型乡村转型发展路径(图9-3)。

　　环境特色提升类主要包括两种类型,一种是指基础设施建设已基本完成的乡村,此类乡村主要以环境整治,特色风貌提升为主。村庄建设发展的主要任务是在环境整治的基础上,依托区域自身资源条件,塑造乡村特色风貌,提升建设水平。如沿江圩畈区以宜居人居环境和特色产业发展为重点,打造水网地区乡村风貌;江淮丘陵区以乡村风貌塑造和城乡设施一体化为重点,打造丘陵地区乡村风貌。另一种主要是重要生态功能区内的村庄,该类型村庄生态本底良好,但不适宜规模开发建设,人居环境塑造应着重体现绿水青山的优良环境品质,做好

沿淮庄圩区人居环境提升探索

　　"堤、田、水、道"是沿淮庄圩区乡村的四大特色要素,在人居环境提升上应突出"淮堤"这一区域独特居住形态,通过疏解村庄人居过高密度,开展建筑—设施—环境综合提升,营造舒适人居环境。在产业发展上,该区域乡村发展应在巩固传统农业基础地位的基础上,利用独特的自然、人文资源要素,探索乡村文化生态旅游发展路径。

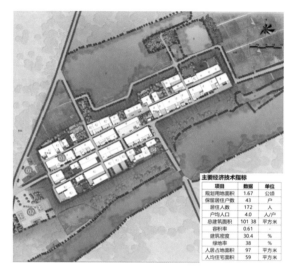

主要经济技术指标		
项目	数据	单位
规划用地面积	1.67	公顷
保留居住户数	43	户
居住人数	172	人
户均人口	4.0	人/户
总建筑面积	101.38	平方米
容积率	0.61	
建筑密度	30.4	%
绿地率	38	%
人均占地面积	97	平方米
人均住宅面积	59	平方米

图 9-3　专题探索 3:沿淮庄圩区人居环境提升探索
资料来源:阜南县王家坝镇李郢行政村庄台整治规划(2019)。

生态修复工作,同时可以结合山区优质资源条件,在充分保护生态环境的前提下,适度发展乡村生态旅游。村庄风貌塑造要结合地形地貌特点,塑造依山就势,错落有致的乡村风貌(图 9-4)。引领示范类指的是乡村物质空间环境建设已基本完成、村庄风貌较有特色的乡村。此类乡村建设发展的主要任务在于特色产业培育、生态环境修复、乡村发展体制机制完善探索等,苏中平原以及沿江圩畈区乡村应先行先试,主动成为江淮地区落实国家乡村振兴战略的先行试点和样板。通过梯度发展路径,尊重差异,以点带面,强化示范,逐步实现江淮地区乡村的全面振兴。

3) 非线性多元化发展指引

　　江淮地区乡村因区位、自然以及资源等差异呈现多样化发展路径。要深入分析村庄发展的资源禀赋特点,充分尊重都市城郊发展融合型、旅游特色型、传大湾村坐落于安徽省金寨县,是典型的山区村,该区域积极探索山区移民安置与既有村落的环境融合,突出因地制宜、尊重意愿以及配套完善的基本原则,采取节点营造、产景一体、景村一体、宜游宜居以及魅力渔家的核心发展理念。空间布局上,村落新建居民点与既有居民点有机融合,设施共享;产业发展上,就近规划产业发展片区,为山区移民就业提供保障;村落风貌上传承创新皖西地域建筑特色,建成空间与自然生态空间和谐共融。

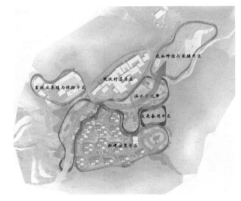

图 9-4　皖西山地区乡村移民安置点人居环境营造探索
资料来源:金寨县花石乡大湾村大湾扶贫移民安置点规划设计。

统文化传承型及传统农业型等不同村庄提升人居环境改善目标及方法的差异性,因村制宜,打造多元特色村庄。例如,要科学认知都市区乡村的战略价值,以都市区资本要素加速外溢为契机,以全域土地综合整治为抓手,不断促进合肥都市区乡村功能转型与空间重构。皖西大别山作为江淮地区重要的生态资源屏障,生态环境保护是其首要任务,该地区乡村发展要加快探索生态经济发展路径,积极发展高山生态农业和生态旅游。江淮平原地区应通过村庄土地流转和高标准农田建设等方式不断提升现代农业发展水平。

9.2.4　多元参与

乡村的可持续发展关键在于内源—外源动力的协同促进。长期以来,中国的乡村建设特别是欠发达地区主要依靠城市的输血(外源动力)发展,乡村的造血功能(内源动力)严重不足。内源动力是乡村可持续发展的核心支撑。江淮地区总体仍属于欠发达地区,乡村的发展阶段决定了其对外来资本的吸引力不足,未来不断培育内源动力是江淮地区乡村发展的关键。内源动力的培育首先要转变传统政府主导的乡村建设发展模式,转向多元主体共同缔造的可持续发展模式。

1）由政府主导转向多元共同缔造

江淮地区的乡村人居环境改善和乡村规划建设推进模式与国内大部分地区一样,是政府主导模式(图 9-5),通俗地说就是政府从资金投入、建设及维护等方面全程包揽,应该说是一种关怀和帮扶式的做法。该模式优点是建设效率高,见效快,然而通过多年的实践,模式的不足之处越发明显,投入大但村民满意度不高、设施多但使用效率不高、建设多但乡愁越发地淡、见效快但维护成本高等矛盾问题不断显现,政府主导乡村规划建设模式的合理性不断受到质疑。李郇提出乡村人居环境建设不是单纯的投资与建设问题,而是一个面对社会与环境变化的政治、经济、文化的管理过程,人居环境建设更是乡村共同体构建、认同感培育的过程,乡村人居环境的提升发展应是政府、社会及村民三大主体,通过协商共治、合作共建美好人居环境的共同行动(李郇,2018)。

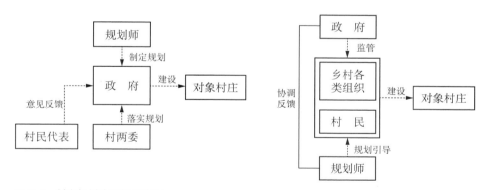

图 9-5　村庄规划建设模式转变

2）充分发挥各类主体作用

乡村规划建设应避免走几种极端模式:政府包办型、资本主导型、村民完全自发建设型及社会精英主导型等。这几种模式共同问题都是缺乏共同协商机制,大部分建设都是一厢情愿,或是效果过于理想化,脱离村民生活实际,村庄完全变味,最终成为城市少数精英群体的度假场所;或是完全忽视规划引导,村民盲目自建自造,村庄最终成为风貌品质缺乏、安全隐患埋藏的非理想家园。

　　未来应建立市县为主、省级补助为辅、争取中央支持的政府投入体系,通过统筹整合相关涉农资金、发行政府债券、创新土地支持政策等来有效引导江淮地区乡村发展。同时在具体工作中突出政府在财政建设资金使用、公益性设施统筹规划建设、生态环境保护及传统文化保护传承等方面的主导与监管作用,既不缺位也不越位。(图9-6)

面包师现场教学

特色竹筒饭制作

面包窑制作

在外交流学习

图9-6　安庆市万涧村村民参加相关技能培训活动
资料来源:万涧村"回味乡愁"专业合作社

　　规划师应该摆脱传统行为模式,从完全服务政府的角色,转向成为政府、社会及村民等各类主体之间的桥梁。王蒙徽(2012)提出规划师应该在共同缔造中扮演一个组织者、协调者、引导者的角色,起到联结政府、公众、社区或社区组织等多元主体的作用。

　　乡村人居环境的建设应以村民参与为核心,通过"决策共谋、发展共建、建设共管、效果共评、成果共享"使公众参与落到实处,在参与中形成共识,在建设中形成共管。充分发挥村民理事会、村务监督委员会等自治组织作用,建立自下而上的民主决策机制,通过村民自选、自建、自管、自用等方式,更好地发挥农民主体作用,保障农民决策权、参与权和监督权。

9.3　发展保障

9.3.1　资金筹措

江淮地区大部分区域发展相对滞后,乡村地区人居环境的提升需要大量资金支持,特别是乡村基础设施与基本环境改善需要政府大量投入,资金来源是亟须破解的难题。当前乡村最大的资产是大量闲置的村庄建设用地,安徽省相关调查数据显示,近年来部分村庄人口虽然不断减少,但建设用地特别是宅基地总量不减反增,核心原因就是一户多宅问题突出,即使村民进城,原有村庄老宅宁愿荒废也不愿腾退。针对这一现象,安徽探索建立城乡建设用地增减挂钩收益管理和返还机制,确保获得的增减挂钩收益返还项目区乡村,用于改善村民生产生活条件、完善乡村基础设施建设和促进乡村集体经济发展。

建设用地增减挂钩收益是基础薄弱乡村发展的重要资金来源,而处于发展高级阶段的乡村就需要通过发展壮大集体经济及引入社会资本来促进发展。首先,培育壮大村级集体经济,支持村级集体经济组织大力发展物业经济,扎实推进农村"资源变资产、资金变股金、农民变股东"改革试点,探索财政投入到设施农业、光伏发电、水电开发、乡村旅游等项目资金直接转为村集体股金或以经营性资产折股量化为村集体股金的途径,以入股分红、固定回报等方式,增加村集体收入,补助中心村建设、环境整治和长效管护,努力走出一条既有投入又有产出的美丽乡村建设可持续发展之路。其次,在发展集体经济同时积极引入社会资本,共同发展。

9.3.2　人才支援

乡村规划建设发展必须依靠懂"三农"的人才引领,因此,在乡村人才不断外流大趋势下,如何留住、特别是吸引人才回流是乡村振兴必须研究的课题。在乡村人居环境改善中,乡村规划师、营造匠人及村镇建设管理员等是必须引入、挖掘和留住的几类人才。

1) 建立乡村规划师与设计师下乡制度,全程指导规划建设

乡村规划人才这块可以通过建立省级农村人居环境整治专家库,加强农村人居环境项目建设和运行管理人员技术培训,加快培养乡村规划设计、项目建设运行等方面的技术和管理人才,组织规划设计单位、大专院校开展设计下乡活动。选派规划设计等专业技术人员驻村指导,组织开展企业与县、乡、村对接农村环保实用技术和装备需求,加强新技术推广应用,提高整治能力和水平(《安徽省农村人居环境整治三年行动实施方案》)。作者以皖西山区传统村落规划师的驻村工作为例,研究总结了以驻村规划师为枢纽的多主体协同组织模式引领村落健康可持续发展路径(图 9-7)。

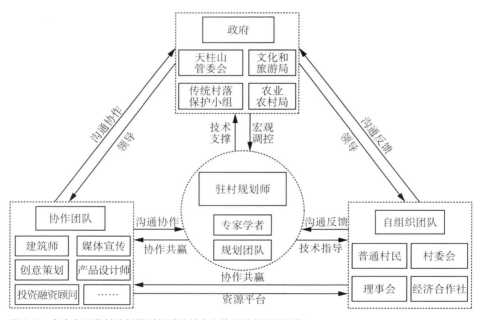

图 9-7 安庆市万涧村驻村规划师引导的多主体协同的组织框架

2) 挖掘乡村营造匠人,传承传统建造技艺

当前很多乡村建设主体是由政府招标的施工企业,部分施工企业管理不规范,责任心不足,技术不过关,导致乡村原生风貌的建设性遭到破坏。江淮地区历史悠长,乡村地区不乏能工巧匠,乡村人居环境改善的大部分工作,比如农民建房、休闲步道与宅前小路铺设、村庄田园绿化、小水塘整治等完全可以发动传统匠人参与,建立本地传统建筑工匠队伍,强化保护监管和质量把控,保障建设质量,在乡村规划师的引导和村民的共同参与下,将村庄风貌保护好、建设好(图9-8)。

广场亮化

彩虹路

溪边汀步

图 9-8　安庆市万涧村驻村规划师引导的人居环境提升
资料来源:万涧村"回味乡愁"专业合作社、研究团队。

3) 壮大镇村规划建设管理员队伍

　　当前江淮地区乡村规划建设不仅缺乏驻村规划师这样的规划实施技术指导人员,更缺乏日常的规划建设管理维护人员,毕竟驻村规划师受工作时间和身份的限制,很难长期持续开展工作,乡村规划建设管理又事无巨细,需要投入大量的精力和时间。解决之道在于创新建立乡村规划建设管理员制度,确保规划建设有专人管理,在人员选择上可以聘用村里有威望、愿奉献的老人、能人及巧匠作为村规划建设管理员,管理员定期接受相关知识技术培训,与驻村规划师共同构成乡村规划建设实施管理的核心力量。

9.3.3　体制创新

　　乡村基层组织是引领乡村可持续发展的核心力量。当前部分乡村发展动力不足主要是村庄缺乏充满创新活力的基层组织,而近年来快速发展、人居环境提升明显的村庄都具有鲜明的共性特征,其中之一就是具有活力的基层组织,这些基层组织通常采用"村社一体,村企共建"的组织经营模式。所谓村社一体就是村内设立各类专业合作社,通过合作社带领村民发展各类特色产业;村企共建就是村内创办村级新型经济集体,全体村民入股,通过企业化经营村内资产,促进乡村经济持续健康发展和农民持续增收。江淮地区乡村解决其内生发展动力不足的有效方法就是建立适应村情的各类乡村基层组织,以乡村基层组织为基础,经营乡村各类资产,真正将村庄和村民的资产盘活,实现从资源到资本的历史性跨越。

9.4　小结

本章从实施路径和制度保障两个层面对未来江淮地区乡村人居环境规划建设发展提出了粗浅建议。在实施路径上融合考虑了国家与地区最新政策及本区域发展实际,提出城乡融合、差异化实施、规划先行及共同缔造等引导地区发展的主要路径;在制度保障上尝试提出"人—财—地"的制度建设建议,以期为江淮地区乡村发展提供基础保障。

面向未来,全球化与信息化、"双循环"新发展格局、城乡融合的新型城乡关系及全面乡村振兴战略,促使江淮乡村发展面临更加复杂的机遇与挑战,乡村人居环境作为乡村地域系统核心空间载体,其内涵将突破传统物质空间转向更为综合的"空间—社会—文化"人居环境复杂系统。促进江淮地域人居环境不断发展的动力源将实现政府主导的外源动力向以多主体为主导的内源动力迁移,乡村地域系统发展更加可持续。从地域特色看,长江经济带、淮河流域环境综合治理、巢湖流域水环境综合治理等为流域乡村的人居环境综合发展奠定更为坚实的基础,坚持做好"水文章",未来的江淮乡村必将实现从"水患"到"水惠"的跨越式发展。

参 考 文 献

［1］ 埃比尼泽·霍华德.明日的田园城市［M］.金经元,译.北京:商务印书馆出版社,2000.

［2］ 安徽省农村人居环境整治三年行动实施方案［S］.中共安徽省委办公厅,安徽省人民政府办公厅,2018.

［3］ 鲍梓婷,周剑云.当代乡村景观衰退的现象、动因及应对策略［J］.国际城市规划,2014,38(10):75-83.

［4］ 曹璐.县域乡村建设规划编制要点思考——以歙县县域乡村建设规划为例［J］.城市规划学刊,2017,237(5):81-88.

［5］ 陈峰燕.乡村振兴战略背景下南通农村人居环境整治机制研究［J］.区域治理,2019(46):127-129,229.

［6］ 陈晓华,华波,周显祥,张婷.中国乡村社区地理学研究概述［J］.安徽农业科学,2005,(4):559-561,566.

［7］ 成青青.基于乡村振兴视角下的农村环境整治研究——来自海门市九个村的调查［J］.上海农村经济,2018(7):46-48.

［8］ 崔思棣.江淮地区圩田初探［J］.安徽史学,1984(6):19-22,24-25.

［9］ 费孝通.乡土中国［M］.北京:中华书局,2013.

［10］ 高天文.基于传统风水学理论的园林景观地域性特征研究［D］.哈尔滨:哈尔滨师范大学,2013.

［11］ 龚京美.江淮地区新农村聚居景观模式及应用［D］.合肥:合肥工业大学,2007.

［12］ 顾康康,刘雪侠.安徽省江淮地区县域农村人居环境质量评价及空间分异研究［J］.生态与农村环境学报,2018,34(5):385-392.

［13］ 郭沫若.中国史稿［M］.北京:人民出版社,1976.

［14］ 中国政府网.我国农村人居环境总体水处在农村环境整治阶段的前期［EB/OL］. http://www.gov.cn/govweb/wenzheng/wz_zxft_ft21/2014-

06/05/content_2694651.htm，2014-06-05.

[15] 黄姝,刘峰.盐城市乡村人居环境发展中的存在问题及对策研究[J].淮海工学院学报(人文社会科学版),2013,11(4):108-110.

[16] 黄晓庆.苏中水网特征下乡村人居环境演变机制研究——以江苏省海门市平安社区为例[C]//中国城市规划学会、重庆市人民政府.活力城乡 美好人居——2019中国城市规划年会论文集(18乡村规划).中国城市规划学会、重庆市人民政府:中国城市规划学会,2019:12.

[17] 蒋泽宇.乡村人居环境提升路径研究——以巢湖中庙镇为例[J].美与时代(城市版),2019(9):55—57.

[18] 亢福仁,朱铭强,胡兵辉,尚爱军,卜耀军.毛乌素沙地典型县域农业生态系统耦合生产力的演变规律——以榆阳区为例[J].干旱地区农业研究,2010,(1):180-186.

[19] 李郇,彭惠雯,黄耀福.参与式规划——美好环境与和谐社会共同缔造[J].城市规划学刊,2018,241(1):23-30.

[20] 李立清.对加强我国农村公共服务途径的探讨[J].农业经济,2005(8):9-11.

[21] 李雯雯.乡村振兴战略下的农村人居环境重构研究——以江苏淮安为例[J].城市建设理论研究(电子版),2019(35):4-5.

[22] 李勇,金荣花,周宁芳,蔡芗宁,鲍媛媛.江淮梅雨季节强降雨过程特征分析[J].气象学报,2017,75(5):717-728.

[23] 李增元.乡村社区治理研究:分析范式、分析方法及研究视角的述评[J].甘肃行政学院学报,2012,(4):72-85,128-129.

[24] 廖莹,沈一.城市规划理论在我国实践中的运用——以卫星城理论为例[J].安徽农业科学,2012,40(8):4738-4740.

[25] 刘滨谊,王云才.论中国乡村景观评价的理论基础与指标体系[J].中国园林,2002,(5):76-79.

[26] 刘畅,于双民,王峻,刘志华.中国乡村社区资源环境保护现状问题及技术发展研究[J].中国农业科技导报,2013,(5):129-136.

[27] 刘来玉.传统风水学理论对现代城镇规划的启示[D].合肥:合肥工业大

学,2010.

[28] 刘劭权.乡村聚落生态研究——理论与实践[M].北京:中国环境科学出版
      社,2006.

[29] 刘易斯·芒福德.城市发展史[M].宋俊岭,倪文彦,译.北京:中国建筑工
      业出版社,2005.

[30] 龙花楼.论土地整治与乡村空间重构[J].地理学报,2013,68(8):1019-
      1028.

[31] 陆林,张清源,许艳,黄剑锋,徐雨晨.全球地方化视角下旅游地尺度重
      组——以浙江乌镇为例[J].地理学报,2020,75(2):410-425.

[32] 陆渝蓉,高国栋,朱超群,等.江淮地区旱涝灾害年份的水分气候研究[J].
      地球物理学报,1996(3):313-321.

[33] 孟召宜,苗长虹,沈正平,渠爱雪.江苏省文化区的形成与划分研究[J].南
      京社会科学,2008(12):88-96.

[34] 苗晏凯.基于地理特征的乡村人居环境价值提升规划设计策略——以扬州
      椿树庄与郑家庄为例[J].城市建筑,2019,16(22):123-126.

[35] 牛文元.可持续发展理论的内涵认知——纪念联合国里约环发大会20周
      年[J].中国人口、资源与环境,2012,22(5):9-14.

[36] 祁新华,程煜,陈烈,陈君.国外人居环境研究回顾与展望[J].世界地理研
      究,2007,(2):17-24.

[37] 史亚军.北京都市型现代农业社会化服务体系农民需求研究[A].中国科
      学技术协会、天津市人民政府.第十三届中国科协年会第17分会场——城
      乡一体化与"三农"创新发展研讨会论文集[C].中国科学技术协会、天津
      市人民政府,2011.

[38] 孙德芳,沈山,武廷海.生活圈理论视角下的县域公共服务设施配置研
      究——以江苏省邳州市为例[J].规划师,2012,28(8):68-72.

[39] 孙继军.关于农村基础设施建设几个问题的思考[J].西安邮电学院学报,
      2011(3):23-25.

[40] 谭其骧.中国历代政区概述[J].文史知识,1987(8):15-21.

[41] 谭其骧.中国历史地图集[M].北京:中国地图出版社,1982.

[42] 汪太文.沿淮地区农村林网建设及发展研究[J].淮南师范学院学报,2009,
      11(4):20-22.

[43] 王会昌.中国文化地理[M].武汉:华中师范大学出版社,1992.

[44] 王建国,龚恺,吴锦绣,薛力.乡村人居环境整治过程中多样化、宜居化提升
      方法研究——以江苏泰州乡村为例[J].乡村规划建设,2013(1):32-42.

[45] 王蒙徽,李郇,潘安.建设人居环境实现科学发展——云浮实验[J].城市规
      划,2012,36(1):24-29.

[46] 王苗苗.江淮地区居住环境的地域特性研究[D].合肥:合肥工业大
      学,2006.

[47] 王其亨.风水理论研究[M].天津:天津大学出版社,2002.

[48] 王智平,安萍.村落生态系统的概念及特征[J].生态学杂志,1995,14(1):
      43-48.

[49] 魏嵩山.中国历史地名大辞典[M].广州:广东教育出版社,1995.

[50] 吴凯,谢明.黄淮海平原农业综合开发的效益和粮食增产潜力[J].地理研
      究,1996(3):70-76.

[51] 吴良镛.人居环境科学导论[M].北京:中国建筑工业出版社,2001.

[52] 吴良镛.人居环境科学的探索[J].规划师,2001(6):5-8.

[53] 席丽莎.基于人类聚居学理论的京西传统村落研究[D].天津:天津大
      学,2014.

[54] 杨忍,等.新时代中国乡村振兴:探索与思考——乡村地理青年学者笔谈
      [J].自然资源学报,2019,34(4):890-910.

[55] 应岳林,巴兆祥.江淮地区开发探源[M].南昌:江西教育出版社,1997.

[56] 张崇旺."江淮"地理概念简析[J].地理教学,2005(2):3-4.

[57] 张崇旺.明清时期江淮地区的自然灾害与社会经济[M].福州:福建人民出
      版社,2009.

[58] 张崇旺.明清时期自然灾害与江淮地区社会经济的互动研究[D].厦门:厦
      门大学,2004.

[59] 张飞,崔郁.安徽省文化区划初步研究[J].云南地理环境研究,2007(4):
      69-71.

［60］　张靖华,翟光逵."九龙攒珠"——巢湖北岸移民村落规划与形成背景初探
　　　　［J］.安徽建筑,2008(3):18-19,30.

［61］　张立,王丽娟,李仁熙.中国乡村风貌的困境、成因和保护策略探讨——基
　　　　于若干田野调查的思考.国际城市规划［J］.2019,34(5):58-68.

［62］　张艺潇.沙区乡村聚落人居环境质量评价及模式筛选［D］.北京:北京林业
　　　　大学,2011.

［63］　郑永光,朱文剑,姚聃,等.风速等级标准与 2016 年 6 月 23 日阜宁龙卷强
　　　　度估计［J］.气象,2016,42(1):1289-1303.

［64］　钟坛坛.城乡一体化进程中乡村社区治理研究［D］.苏州:苏州大学,2014.

［65］　周岚.人居环境改善与美丽乡村建设的江苏实践［J］.小城镇建设,2014
　　　　(12):22-23.

［66］　周岚,于春,何培根.小村庄大战略——推动城乡发展一体化的江苏实践
　　　　［J］.城市规划,2013(11):20-27.

［67］　周玉佳,马之路,余凡.基于改善人居环境的美丽乡村建设探索——以淮南
　　　　市姚李村为例［J］.武夷学院学报,2018,37(10):39-44.

［68］　周玉佳,宋永伟,桑秀卓.美丽乡村建设背景下乡村规划与环境改善探索研
　　　　究——以安徽省姚李村为例［J］.惠州学院学报,2020,40(3):82-87.

［69］　周振鹤.体国经野之道［M］.上海:上海书店出版社,2009.

附　　录

附录 1　《江淮乡村人居环境调查问卷》

_____省_____市_____县(市、区)_____镇(乡)_____行政村
_____自然村,领队_____组长_____(Tel:_____)
调查员_____编码_____

──

　　　尊敬的村民:您好! 为更好地倾听民意,建设好新乡村,促进乡村人居环境的改善和提升,我们希望通过村民问卷和访谈调查了解您对您所居住的村庄的建设、环境、道路、设施等的意见。本问卷完全匿名,由安徽建筑大学直接发放并回收,只做总量统计,确保您个人信息不泄露。谢谢配合!

安徽建筑大学

2017 年 5 月

一、个人及家庭情况

1. 您在本村居住的时间:_____年;户口所在地:A.本村 B.非本村;户口上有_____人;常住家中的有_____人。

2. 您到您的耕地的距离_____千米;如果您还从事一些非农工作,您到工作地的距离_____公里;如果您有非农工作,您从居住地到工作地方便吗?

   A. 方便　　　B. 较方便　　　C. 一般　　　D. 不太方便　　　E. 很不方便

3. 请填写您家中成年人的年龄、性别以及其他情况(请将合适的选项填入表格),包括您本人、妻子(丈夫)、住在一起的父母、子女、兄弟姐妹等。

与您的关系	年龄	性别	民族	文化程度	从事工作	务工地点	务工时间	税后个人年收入(元)	农业收入占比	非农收入占比
				A. 小学以下 B. 小学 C. 初中 D. 高中或技校 E. 大专及以上	A. 企业经营者 B. 普通员工 C. 公务员或事业单位 D. 个体户 E. 务农 F. 半工半农 G. 在家照顾老人小孩 H. 其他	A. 本镇 B. 其他镇 C. 本市 D. 省内其他城市 E. 省外地区	A. 常年在外 B. 农闲时外出 C. 早出晚归，住在家里 D. 主要务农，偶尔外出打零工 E. 常住家中，不外出 F. 其他			

二、日常生活与公共服务设施情况

4. 您家中小孩的就学情况(请将合适的选项填入表格)：

子女年龄	就读学校	上学地点	就学模式	交通方式	单程时间	距家多远	是否满意
	A. 幼儿园 B. 小学 C. 初中 D. 高中或技校 E. 大专及以上	A. 本村 B. 镇区 C. 其他镇 D. 县城 E. 市区 F. 其他	A. 每日自己往返 B. 每日家长接送 C. 住校，每周回家 D. 住校，每月回家 E. 住校，很少回家	A. 步行 B. 自行车或电动车 C. 公交车 D. 校车 E. 私营客车	____分钟	____千米	A. 满意 B. 较满意 C. 一般 D. 不太满意 E. 很不满意

5. 您认为本镇(村)的学校最急需改善的是哪方面？ A. 减小班级规模　 B. 更新教育设施　 C. 提高教师质量　 D. 降低就学成本　 E. 增加学校数量,缩短与家的距离　 F. 改善周边环境　 G. 其他_____

6. 您对村卫生室的服务满意吗？ A. 满意　 B. 较满意　 C. 一般　 D. 不太满意　 E. 很不满意

7. 您对镇卫生院的服务满意吗？ A. 满意　 B. 较满意　 C. 一般　 D. 不太满意　 E. 很不满意

8. 您认为镇卫生院(医院)最急需改善的是哪方面_____;村卫生室最急需改善的是哪方面_____

A. 改善交通可达性　 B. 更新医疗设备　 C. 提升医师水平　 D. 降低就医成本　 E. 增加布点　 F. 延长服务时间　 G. 其他_____

9. 您愿意在哪里养老：A. 家里　 B. 村养老机构　 C. 镇养老机构　 D. 县及以上养老机构

E. 子女身边　　F. 其他＿＿＿＿＿＿＿＿

10. 您对村里的娱乐活动等设施满意吗＿＿＿＿＿；体育健身设施满意吗＿＿＿＿＿＿＿；村容村貌、
卫生环境满意吗＿＿＿＿＿＿＿

A. 满意　B. 较满意　C. 一般　D. 不太满意　E. 很不满意

11. 您对本村的公共交通的评价：A. 满意　B. 较满意　C. 一般　D. 不太满意　E. 很不
满意（没有公交经过）

12. 您认为村庄建设最需加强的公共服务设施为（请填写你觉得最急需的三项）：A. 幼儿
园　B. 小学　C. 文化娱乐设施　D. 体育设施和场地　E. 商业零售设施　F. 餐饮设
施　G. 卫生室　H. 公园绿化　I. 养老服务　J. 其他＿＿＿＿＿＿＿＿＿＿＿＿

三、住房和村庄建设

13. 请填写您乡村住房的基本情况：

建成年	层数	建筑面积 m²	宅基地面积 m²	最近一次翻修是哪一年？	外观(有粉刷/砌砖/裸露)	空调(有/无)	网络(有/无)	出租(有/无)	水冲厕所(有/无)	洗浴(有/无)	厨房(有/无)	炊事燃料

14. 您对现有住房条件是否满意＿＿＿＿＿＿＿＿；村庄居住环境是否满意＿＿＿＿＿＿＿＿　A. 满意　B.
较满意　C. 一般　D. 不太满意　E. 很不满意

15. 您家庭在镇区有住房吗＿＿＿＿＿＿＿＿；在城区有住房吗＿＿＿＿＿＿＿＿　A. 有　B. 没有；

16. 您认为村里最需加强的基础市政设施是（请填写你觉得最急需的三项）：A. 环卫设施
B. 道路交通　C. 给水设施　D. 电力设施　E. 燃气设施　F. 污水　G. 雨水设施
H. 防灾设施　I. 其他＿＿＿＿＿＿＿＿＿＿＿＿＿＿＿＿＿＿＿

17. 您是否为了村落景观的维护做过一些力所能及的事（多选）？A. 清扫道路　B. 修葺房
屋外壁，院落等　C. 修建道路　D. 修建水利设施　E. 植树种草　F. 清理小广告，海
报　G. 没有做过　H. 其他＿＿＿＿＿＿＿＿＿＿＿＿＿＿＿＿

四、经济和产业

18. 您家拥有耕地＿＿＿＿＿＿＿亩，林地＿＿＿＿＿＿＿亩，每亩年收入＿＿＿＿＿＿＿元；谁来耕种？A.
自己或家人　B. 亲友　C. 流转　D. 抛荒　E. 雇人

19. 您家庭年纯收入大约为：＿＿＿＿＿＿＿万元，其中：农林牧渔业＿＿＿＿＿＿＿＿元,非农务工收入
＿＿＿＿＿＿＿元,子女寄回＿＿＿＿＿＿＿＿＿元；房屋出租＿＿＿＿＿＿＿＿元；社保等补助＿＿＿＿＿＿＿元；
其他＿＿＿＿＿＿元

20. 您家庭一年最大的开销是_____和_____:A. 吃穿用度　B. 看病就医　C. 子女学费　D. 外出打工生活费　E. 接济子女或孙辈　F. 照顾老人　G. 其他_____;扣除常规花销,您家庭每年可以存款:_____万元;

21. 您认为本村是否有潜力开发农家乐、民宿等休闲旅游产业? A. 是　B. 否　C. 说不清楚您是否愿意参与民宿或农家乐的经营,以获得额外的收入? A. 是　B. 否　C. 说不清楚

22. 您对近几年的乡村建设是否满意_____;镇上建设是否满意_____A. 很满意　B. 基本满意　C. 一般　D. 不太满意　E. 很不满意

23. 您对您目前的生活状态满意吗? A. 很满意　B. 基本满意　C. 一般　D. 不太满意　E. 很不满意

五、环境整治与景观提升

24. 如果政府给予一定支持,您愿意参与到美丽乡村建设中吗? A. 愿意　B. 不愿意　C. 说不清

25. 本村在开展环境综合治理和景观风貌提升工作以来,哪些方面有较大改善? A. 没有改善　B. 水塘、沟渠、河道治理　C. 垃圾收集处理和保洁设施建设　D. 乡村污水处理设施建设　E. 户用沼气池建设　F. 畜禽养殖场沼气建设　G. 乡村厕所改造　H.路灯建设　I. 开展建筑的外立面、农房及院落风貌整治　J. 保护和修复自然景观与田园景观　K. 村庄绿化美化　L. 发展休闲农业、乡村旅游、文化创意等产业　M. 制定传统村落保护发展规划　N. 改造、建设村庄公共活动场所　O. 对闲置土地、现有房屋及设施等进行统筹利用　P. 对私搭乱建现象计划拆除或清理　Q. 其他_____

26. 您认为当前乡村哪些环境问题对你的生活影响最大? A. 水污染　B. 大气污染　C. 生活垃圾污染　D. 噪声污染　E. 畜禽粪便　F. 秸秆焚烧　G. 化肥、农药及地膜　H. 其他_____

27. 您觉得在本村建设中,下面当前哪方面是最需要改善的?(具体项打"√")
    A. 绿化　空气　噪声　水质
    B. 公园　广场　建筑风格　村庄特色　村庄规划
    C. 住房　交通　道路　电力　排水　电讯　供水
    D. 村庄卫生　教育条件　医疗条件　物业管理　商业网点　工程质量　休闲娱乐场所
    E. 治安　福利　就业　政府管理　公众参与　邻里关系　村民素质

28. 您对本村的居住环境满意吗? A. 很满意　B. 基本满意　C. 一般　D. 不太满意　E. 很不满意

附录 2　江淮地区相关乡村发展政策一览表(1949 年至今)

层面	时间	相关工作或政策
中央	1950 年 6 月	中共七届三中全会通过《关于土地改革问题的报告》和《中华人民共和国土地改革法》
	1953 年 2 月	中共中央通过《关于农业生产互助合作的决议》
	1953 年 12 月	中共中央通过《关于发展农业生产合作社的决议》
	1955 年 10 月	中共七届六中全会(扩大)根据毛泽东的报告,通过了《关于农业合作化问题的决议》
	1956 年 6 月	第一届全国人民代表大会第 3 次全体会议通过并颁布了《高级农业生产合作社示范章程》
	1958 年 8 月	中共中央在北戴河召开政治局扩大会议,通过了《关于乡村建立人民公社的决议》
	1959 年 2 月	中共中央政治局扩大会议通过《关于人民公社管理体制的若干规定(草案)》
	1960 年 11 月	中共中央发出《关于乡村人民公社当前政策问题的紧急指示信》
	1962 年 9 月	中共中央第八次中央委员会第 10 次全体会议通过了《乡村人民公社工作条例修正草案》
	1963 年 3 月	中共中央转发《关于社员宅基地问题》
	1978 年 12 月	中国共产党第十一届中央委员会第三次会议,通过了《乡村人民公社工作条例》
	1979 年 4 月	农业部、财政部、国家农垦总局、中国农业银行联合发出《关于加强乡村人民公社开荒管理工作的通知》
	1982 年 1 月	中共中央批转《全国乡村工作会议纪要》
	1982 年 12 月	五届全国人大通过了修改后的《中华人民共和国宪法》
	1983 年 10 月	中共中央、国务院正式颁布《关于实行政社分开建立乡政府的通知》
	1983 年	中共中央发出《当前乡村经济政策的若干问题》
	1984 年	中共中央发出《关于 1984 年乡村工作的通知》
	1985 年	中共中央发出了《关于进一步活跃乡村经济的十项政策》
	1986 年	中共中央、国务院发出《关于 1986 年乡村工作的部署》
	1987 年 11 月	六届全国人大常委会第 23 次会议通过《村民委员会组织法(试行)》
	1990 年 12 月	中共中央、国务院发出《关于 1991 年农业和乡村工作的通知》
	1991 年 11 月	中共十三届八中全会发布《关于进一步加强农业和乡村工作的决定》
	1992 年	邓小平同志发表"南方谈话"

（续表）

层面	时间	相关工作或政策
中央	1993 年 11 月	中共中央、国务院发布的《关于当前农业和乡村经济发展的若干政策措施》
	1994 年 8 月	国务院颁布《基本农田保护条例》
	1995 年 3 月	国务院批转农业部《关于稳定和完善土地承包关系意见的通知》
	1997 年 8 月	中共中央、国务院两办联合下发《关于进一步稳定和完善乡村土地承包关系的通知》
	1998 年 10 月	中共十五届三中全会,通过的《中共中央关于农业和乡村工作若干重大问题的决定》
	1999 年 1 月	中共中央、国务院《关于做好 1999 年乡村和农业工作的意见》
	2000 年 10 月	中共十五届五次全会,通过的《中共中央关于制定国家经济和社会发展第十个五年计划的建议》
	2001 年 3 月	第九届全国人民代表大会第 4 次会议,通过的《中华人民共和国国民经济和社会发展第十个五年计划纲要》
	2002 年 8 月	第九届全国人大常委会第 29 次会议,通过的《中华人民共和国乡村土地承包法》
	2002 年 11 月	中共中央发布《关于做好农户承包地使用权流转工作的通知》
	2006 年 3 月	十届全国人大四次会议,通过的《中华人民共和国国民经济和社会发展第十一个五年规划纲要》中正式提出《建设社会主义新农村》
	2013 年 10 月	第一次全国改善乡村人居环境工作会议
	2013 年	中央一号文件
	2014 年 5 月	国务院办公厅《关于改善乡村人居环境的指导意见》
	2014 年 5 月	住建部《关于建立全国乡村人居环境信息系统的通知》
	2014 年 12 月	中央乡村工作会议公报
	2015 年 2 月	《关于加大改革创新力度加快农业现代化建设的若干意见》
	2015 年 11 月	第二次全国改善乡村人居环境工作会议
	2016 年 1 月	《关于落实发展新理念加快农业现代化实现全面小康目标的若干意见》
	2016 年 7 月	住建部印发《住房城乡建设事业"十三五"规划纲要》
	2017 年 2 月	《中共中央、国务院关于深入推进农业供给侧结构性改革加快培育农业乡村发展新动能的若干意见》
	2017 年 10 月	十九大会议报告中提出乡村振兴战略
	2018 年 1 月	《中共中央、国务院关于实施乡村振兴战略的意见》
	2018 年 2 月	《农村人居环境整治三年行动方案》
	2019 年 2 月	《中共中央、国务院关于坚持农业农村优先发展做好"三农"工作的若干意见》
	2020 年 2 月	《农业农村部关于落实党中央、国务院 2020 年农业农村重点工作部署的实施意见》
	2021 年 2 月	《中共中央、国务院关于全面推进乡村振兴加快农业农村现代化的意见》

（续表）

层面	时间	相关工作或政策
安徽省	2006 年 3 月	《关于新乡村建设"千村百镇示范工程"实施意见》
	2012 年 7 月	《安徽省美好乡村建设规划（2012—2020 年）》
	2015 年 5 月	《安徽省改善乡村人居环境规划纲要（2015—2020 年）》
	2016 年 1 月	全省美好乡村建设推进会
	2016 年 5 月	《住房城乡建设部等部门关于全面推进乡村垃圾治理的指导意见》
	2017 年 5 月	全省美丽乡村建设推进会
	2018 年 5 月	安徽省乡村人居环境整治三年行动实施方案
	2020 年 4 月	《安徽省村庄规划编制技术指南》
	2021 年 2 月	安徽省村庄规划三年行动计划（2021—2023）
江苏省	2008 年 5 月	《江苏省村庄规划导则》
	2011 年 9 月	《关于以城乡发展一体化为引领全面提升城乡建设水平的意见》
	2014 年 6 月	《江苏省美丽乡村建设示范指导标准》
	2015 年 2 月	《关于加大乡村改革创新力度推动现代农业建设迈上新台阶的意见》
	2016 年 3 月	《关于落实发展新理念深入实施农业现代化工程建设"强富美高"新乡村的意见》
	2017 年 6 月	《江苏省特色田园乡村建设行动计划》
	2018 年 7 月	《江苏省农村人居环境整治三年行动实施方案》

后　　记

在《江淮乡村人居环境》付梓之际，作为书稿的负责人，我怀着感恩的心，代表课题组成员衷心感谢使本书得以出版的各界人士！

首先要感谢"中国乡村人居环境研究丛书"项目组来自全国各地的专家，他们分别为同济大学赵民教授、陶小马教授、张立副教授、陆希刚副教授，华中科技大学洪亮平教授、郭紫薇博士，沈阳建筑大学马青教授、宋岩博士、郭曼曼博士，长安大学杨育军博士，内蒙古工业大学荣丽华教授、郭丽霞副教授，山东建筑大学张军民教授、李鹏博士等。感谢他们在书稿写作、研讨期间分享的睿智经验和给予建设性意见。感谢对书稿进行评议、评审的各位专家。

在调研和资料收集过程中，写作组得到了全国各地特别是江苏、安徽两省相关管理部门的领导和规划行业同仁的大力支持和帮助。在此特别感谢安徽省住房和城乡建设厅、安徽省城建设计研究总院股份有限公司、蚌埠市规划设计研究院、阜阳市规划设计研究院等提供的宝贵资料。由于种种原因，这里未能列全应该感谢的所有地方调研的配合人员。

对于上述所列感谢的各界人士，由于课题调研小组人员工作的疏忽，对所记录的姓名和职位可能并不完全准确。在此，对有所遗漏或者标注不当的，深表歉意！

感谢课题组的陈晓华教授、顾康康教授、汪勇政副教授、李久林老师以及参与调研和撰写书稿的研究生刘雪侠、袁晨晨、马可莉、朱可嘉、鲍香玉、杨诗、方云皓、武肖函、邹慧君、熊有娣、刘加成等，正是他们的悉心工作，才使得课题研究不断深化，从而转化为书稿。

本书尝试归纳总结江淮乡村人居环境特征，分析研判人居环境质量和居民满意度，分类梳理不同类型乡村人居环境实践经验，提出未来乡村人居环境建设的目标愿景和提升策略，以期为乡村规划和管理提供参考和借鉴。但本书的出版不是终点，希望未来有更多的读者和社会各界人士，能更多地关心乡村人居环境，关心乡村建设，支持并积极投身乡村人居环境的建设与发展。

由于认识和工作的不足，书中的不足之处，望读者不吝批评、指正。

储金龙

安徽建筑大学建筑与规划学院教授

2021 年 4 月 5 日